水产科学实验教材

U0736726

水产动物组织胚胎学实验

任素莲　杨　宁　王德秀　**编著**

中国海洋大学出版社
·青岛·

图书在版编目(CIP)数据

水产动物组织胚胎学实验/任素莲,杨宁,王德秀编著. —青岛:
中国海洋大学出版社,2009.3(2021.7重印)

ISBN 978-7-81125-309-2

Ⅰ.水…　Ⅱ.①任…②杨…③王…　Ⅲ.水产动物—组织学(生
物):胚胎学—实验—高等学校—教材　Ⅵ.S917.4-33

中国版本图书馆 CIP 数据核字(2009)第 030028 号

出版发行	中国海洋大学出版社			
社　　址	青岛市香港东路 23 号		邮政编码	266071
网　　址	http://pub.ouc.edu.cn			
电子信箱	WJG60@126.com			
订购电话	0532—82032573(传真)			
责任编辑	魏建功		电　　话	0532—85902121
印　　制	日照报业印刷有限公司			
版　　次	2009 年 4 月第 1 版			
印　　次	2021 年 7 月第 2 次印刷			
成品尺寸	170 mm×230 mm			
印　　张	9			
字　　数	166 千			
定　　价	25.00 元			

水产科学实验教材编委会

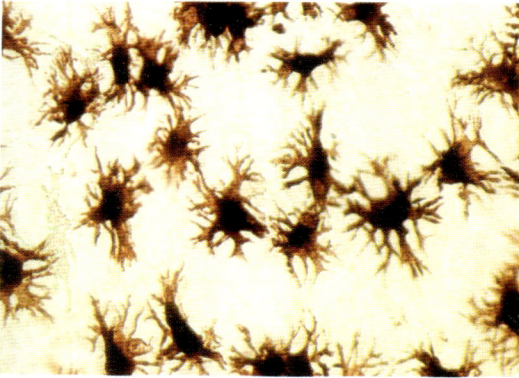
青蛙皮肤色素细胞

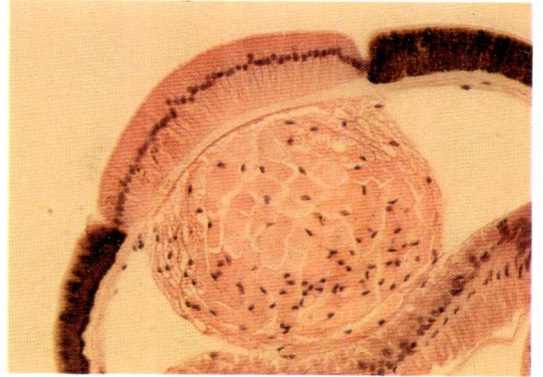
栉孔扇贝外套眼部分组织结构

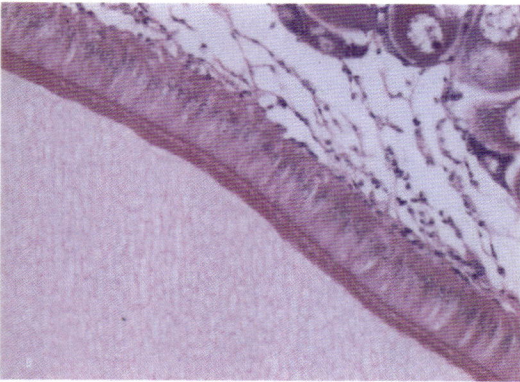
栉孔扇贝晶杆与晶杆囊上皮组织

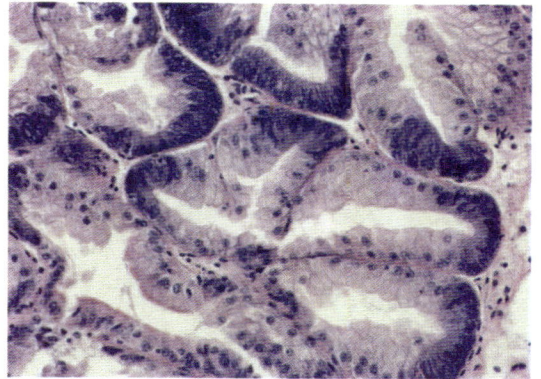
文蛤肝胰腺组织

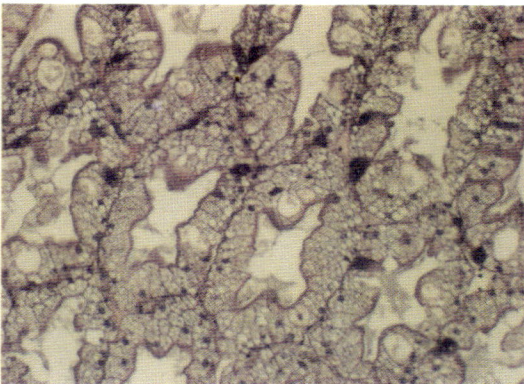
凡纳滨对虾肝胰腺组织

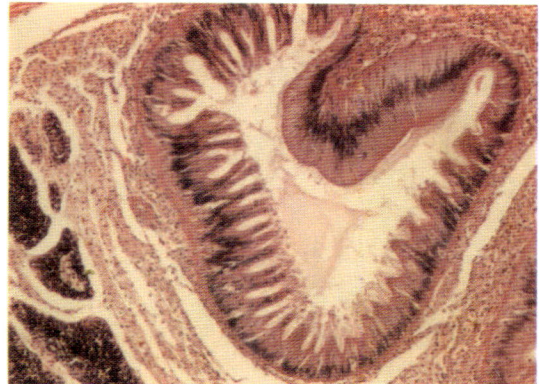
泥蚶胃组织

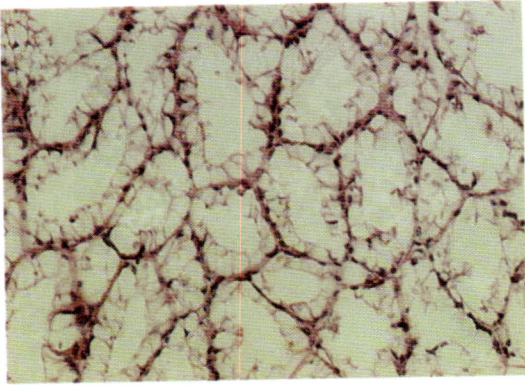

海湾扇贝肾组织

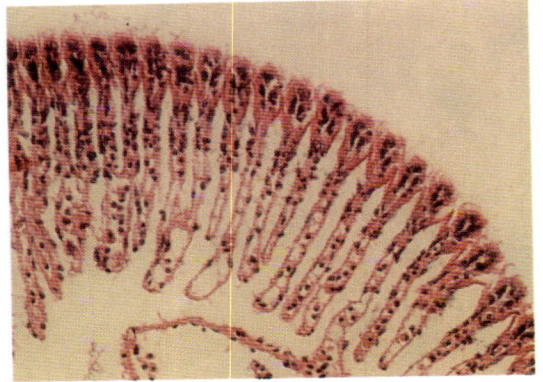

文蛤鳃组织

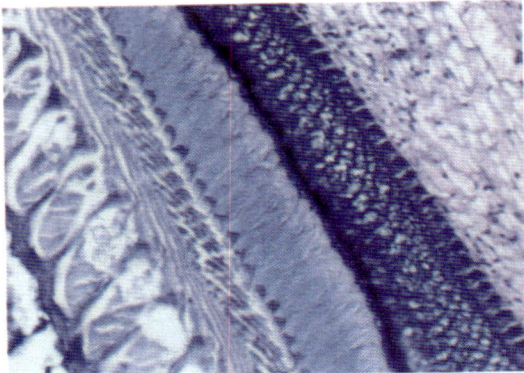

凡纳滨对虾幽门胃底端部分结构

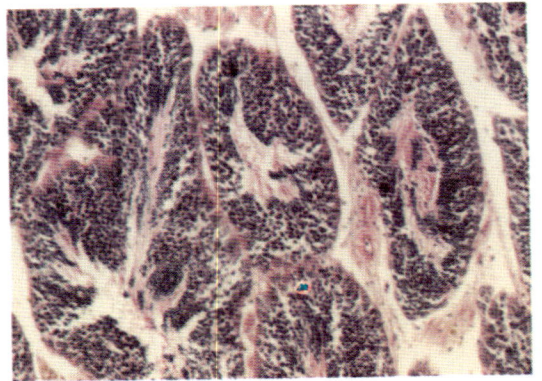

泥蚶成熟期精巢

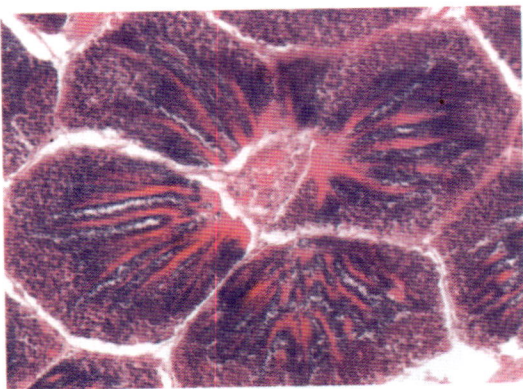

栉孔扇贝成熟期精巢

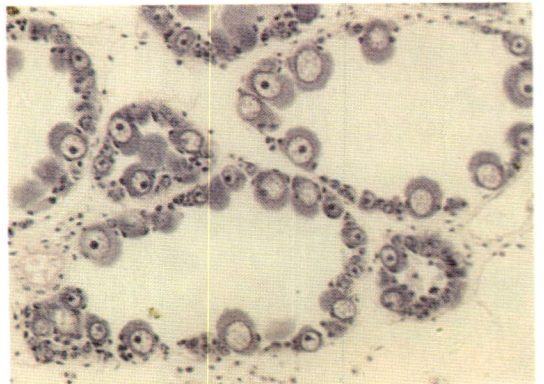

海湾扇贝发育期卵及卵母细胞

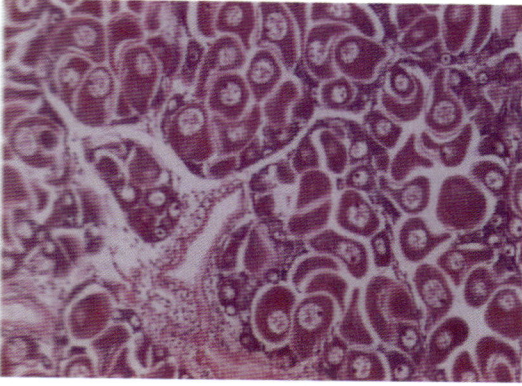

栉孔扇贝成熟期卵巢及卵母细胞

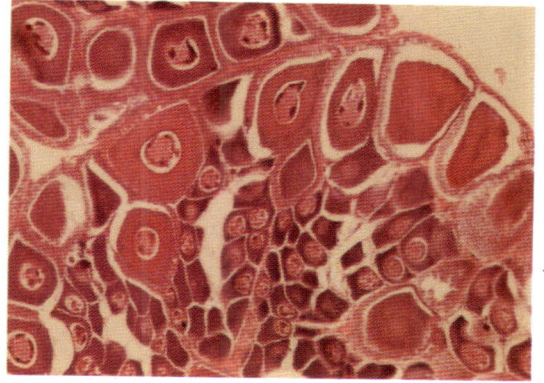

中国对虾发育期卵巢及卵母细胞

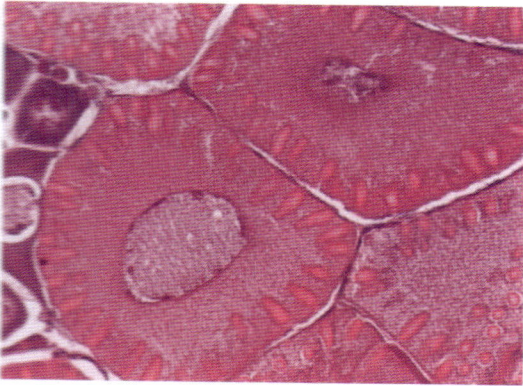

中国对虾将成熟期卵巢及卵母细胞

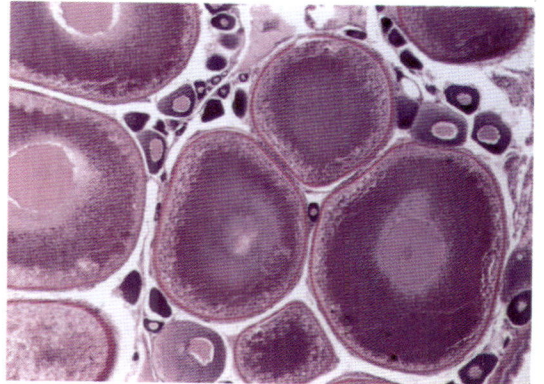

白鲢鱼 III 期卵巢及卵母细胞

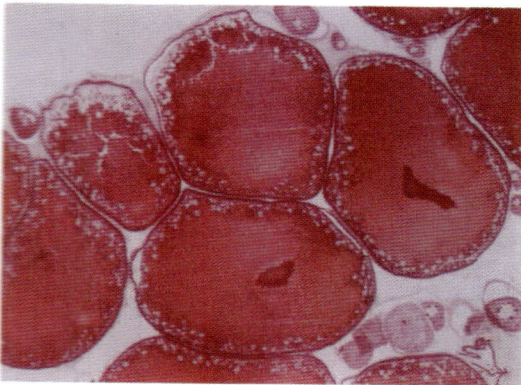

白鲢鱼 IV 期卵巢及卵母细胞

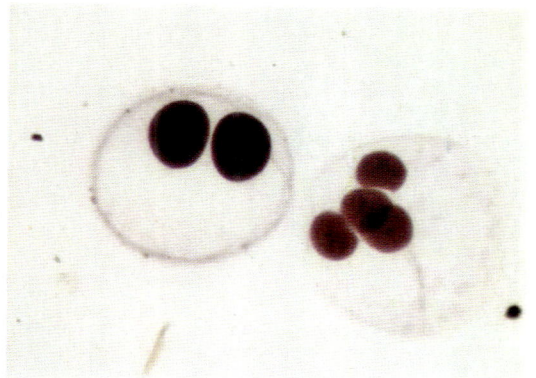

海星2/4细胞期胚胎

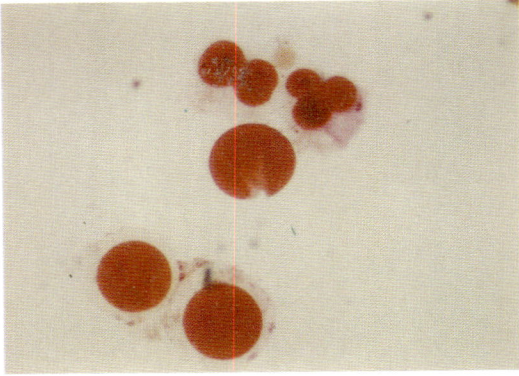
中国对虾受精卵、4细胞胚胎

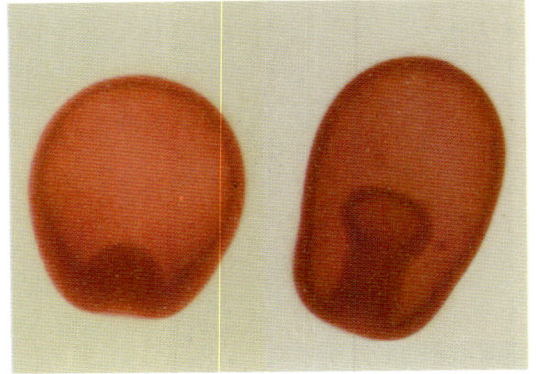
海星早期原肠胚 海星晚期原肠胚

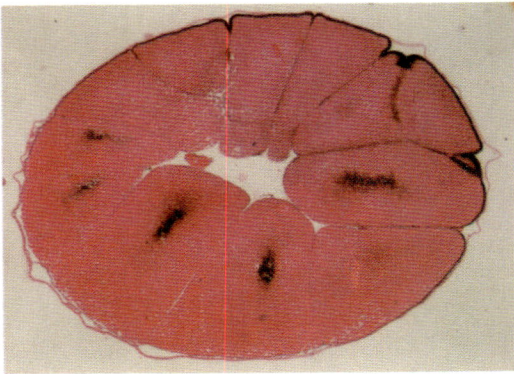
青蛙分割胚

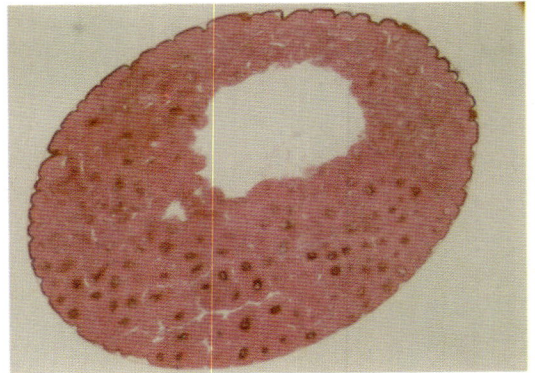
青蛙囊胚

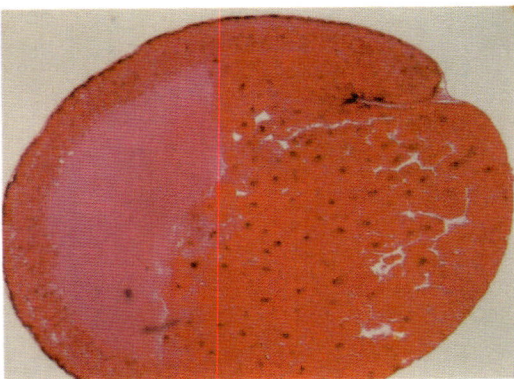
青蛙早期原肠胚

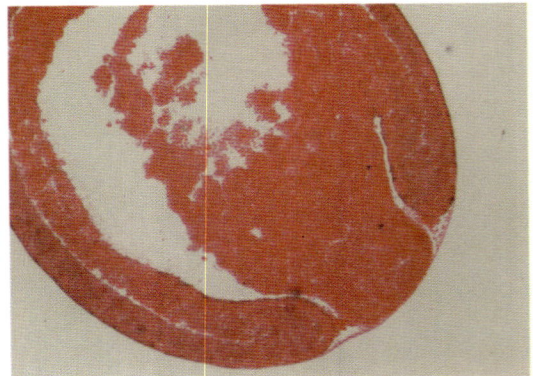
青蛙晚期原肠胚

前　言

　　水产动物组织胚胎学实验，主要分为组织学和胚胎学两部分。其中，组织学部分涉及上皮组织、结缔组织、肌肉组织、神经组织及消化道组织等，比较观察了从高等动物到低等动物不同基本组织的形态结构和分布特点；胚胎学部分主要涉及双壳贝类、对虾、刺参、硬骨鱼类等重要水产养殖动物的性腺发育及个体发生过程。实验内容充分体现了水产动物组织学和胚胎学特点，既有代表性，又具有鲜明的水产养殖特色。

　　作者在实验设计的过程中，既重视基本知识的掌握和基本技能的训练与培养，同时结合生产和科研工作的需要，选入了部分与当前科研、生产密切相关的实验内容，如水产动物的组织病理学观察、受精过程的细胞学观察、生殖细胞的活力及受精能力的关系探讨及硬骨鱼类的人工催青与授精等，这些实验内容有利于拓展学生的知识面，提高学生自己动手、独立思考和勇于创新的能力。

　　本书除可作为高等院校水产养殖专业的组织胚胎学实验教材外，还可以供生物、水产养殖、病害防治等专业人员参考。

　　由于时间仓促，编者水平也有限，书中难免存在错误与不妥之处，敬请广大读者批评指正。

编者

2008. 12. 18

目　次

第一部分　基础型实验

第二部分　综合型实验

第三部分　研究型实验

附录

第一部分
基础型实验

实验一 上皮组织

一、实验目的

上皮组织主要覆盖在动物有机体的外表面以及衬在各种管、腔、窦的内表面,是一种边界组织。各种分泌性和感受性的上皮也包括在上皮组织内。本实验的目的是观察、认识各种上皮组织的形态结构与分布特点。

二、实验仪器与药品

光学显微镜、擦镜纸、二甲苯、香柏油。

三、实验材料

不同动物、不同类型上皮组织制片。

四、实验内容

1. 单层柱状上皮

观察猫(*Felis silvestris catus*)等哺乳动物小肠黏膜上皮切片(图 1-1A);乌鳢(*Ophicephalus argus*)等硬骨鱼类小肠黏膜上皮切片(图 1-1B)。

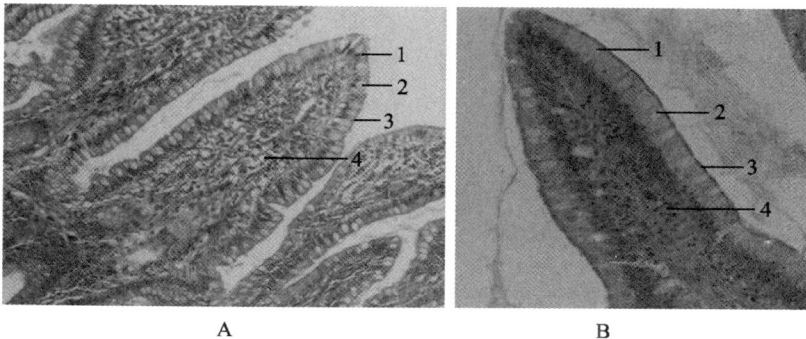

1.柱状上皮;2.黏液细胞;3.微绒毛;4.结缔组织

A.猫小肠上皮 B.乌鳢小肠上皮

图 1-1 小肠黏膜单层柱状上皮

肠黏膜表面衬着单层柱状上皮,包含吸收细胞和杯状黏液分泌细胞。纵切面上吸收细胞呈柱状,细胞质浅红色,胞核椭圆形,位于基底部,染为蓝紫色。黏液细胞染色浅,呈透明的泡沫状。在柱状上皮游离端,可观察到深染(紫红色)的细胞边缘,高倍镜下呈规则的竖纹结构,因此称为纹状缘,亦为电镜下观察到的微绒毛。

2.单层纤毛柱状上皮

观察泥蚶(*Tegillarca granos* Linn)、栉孔扇贝(*Chlamys farreri*)等双壳贝类的消化道上皮切片。

贝类的消化道上皮为典型的纤毛柱状上皮。纵切面上,细胞狭长,胞核长椭圆形,位于基底部。纤毛整齐、致密,位于细胞的游离端。不同部位,上皮细胞的形态及纤毛的长短有差异(图1-2)。

3.单层立方上皮

观察脊椎动物甲状腺腺泡及肾小管上皮切片。

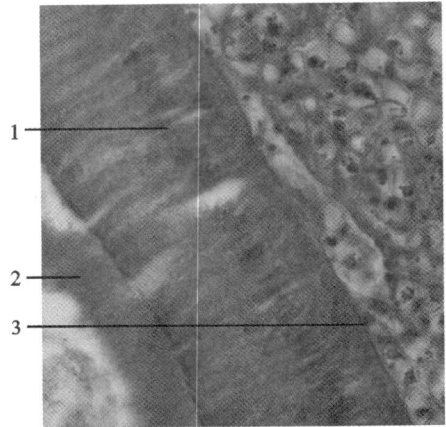

1.细胞核;2.纤毛;3.基膜

图1-2 泥蚶消化道纤毛柱状上皮

上皮由一层立方细胞组成。甲状腺腺泡上皮胞质染色浅,胞核圆形或椭圆形,位于细胞中央部位(图1-3)。肾小管上皮胞质染色深,呈紫红色,胞核圆形,位于中间(图1-4)。

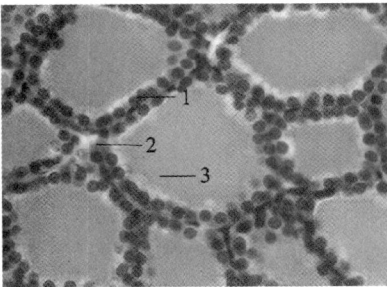

1.立方上皮细胞核;2.结缔组织;3.储存的分泌物

图1-3 哺乳动物的甲状腺立方上皮

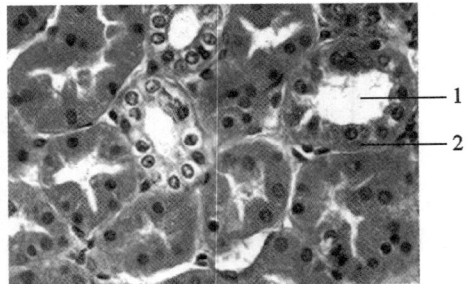

1.肾小管;2.立方上皮

图1-4 肾小管立方上皮

4.单层扁平上皮

(1)观察微血管或肠系膜的整封片(银染)。

表面观,扁平上皮细胞呈多边形,体积较大。胞质染色浅,胞核呈透明空泡状。相邻上皮细胞间呈棕黑色锯齿状,细胞间质位于其内(图1-5)。

(2)观察人肾脏切片、人胃肠浆膜上皮切片、鲫鱼(*Carassius carassius*)肾脏切片。

人及脊椎动物的肾小囊壁上皮(图1-6、图1-7)、胃肠浆膜上皮(图1-8)等为典型单层扁平上皮。

从切片看,扁平上皮细胞呈梭形,排列为一层。胞质染成红色,胞核扁梭形,染成紫蓝色。

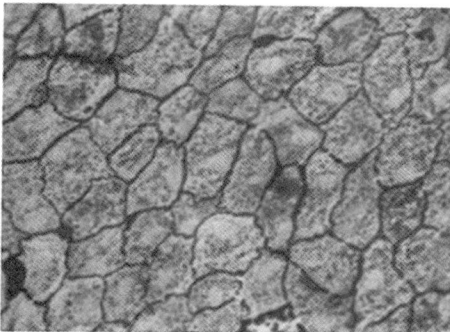

图1-5　单层扁平上皮表面观(间皮)

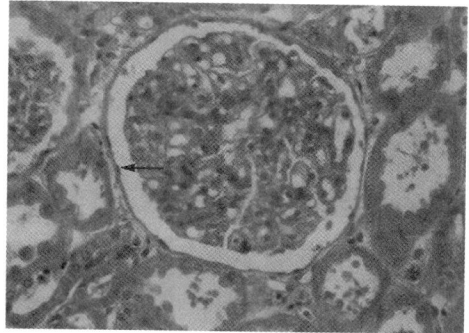

图1-6　人肾小体单层扁平上皮侧面观(箭头示)

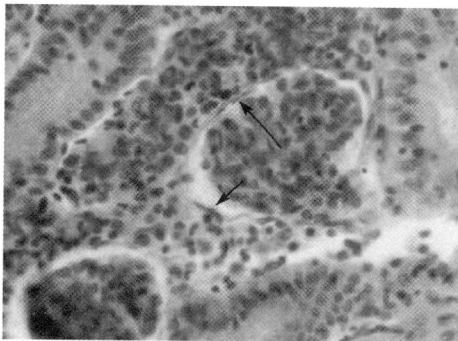

图1-7　鱼肾小体单层扁平上皮侧面观
(箭头示)

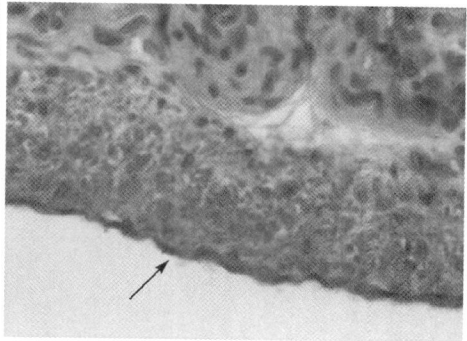

图1-8　胃、肠浆膜单层扁平上皮侧面观
(箭头示)

5.复层扁平上皮

观察人手指皮肤上皮切片、食道黏膜上皮切片及鱼类食道黏膜上皮切片、皮肤上皮切片。

（1）人类手指皮肤上皮为角质化的复层扁平上皮。由基膜向表层,依次可以区分下列细胞（图1-9）:

1）基底层细胞:为方形或柱形细胞,胞核圆形或卵圆形,部分细胞具有分裂相。

2）中层细胞:为数层个体较大的多边形细胞,胞质丰富,胞核圆形,位于细胞中部。

3）表层细胞:由梭形变为扁平状,胞核长椭圆形,核的长轴与上皮的游离面平行。

（2）人类食道黏膜上皮是无角质化层的复层扁平上皮（图1-10）。上皮细胞排列规则,无角质层。该种上皮在口腔、咽、食道、阴道等处的内腔面也有分布。

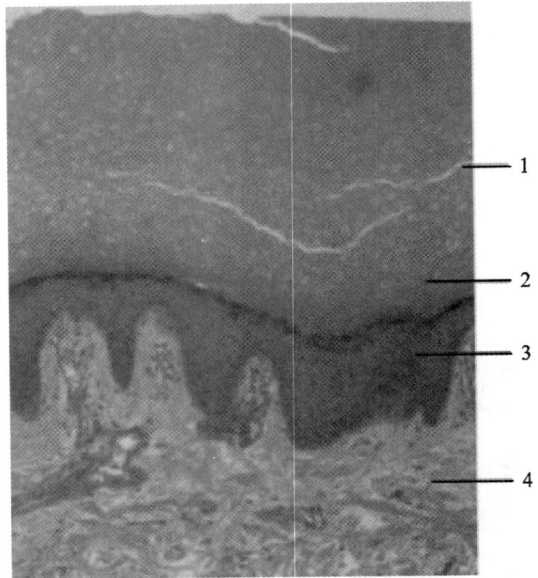

1.角质层;2.透明层;3.上皮层;4.结缔组织

图1-9 人手指皮肤角质化的复层扁平上皮

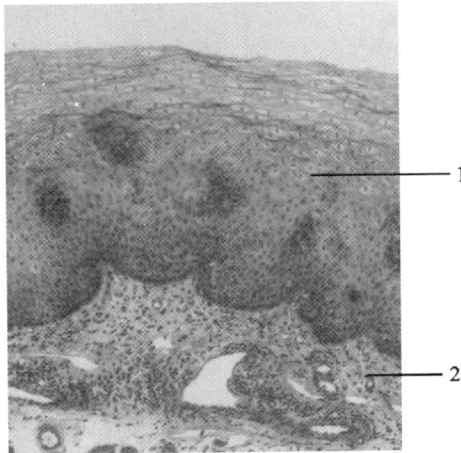

1.上皮层;2.结缔组织

图1-10 人食道无角质化的复层扁平上皮

（3）鱼类皮肤上皮（图1-11）、食道黏膜上皮（图1-12）切片中,除了观察到复层扁平上皮之外,还可以看到大量球状或棒状的黏液腺。除唇等少数部位的上皮可观察到少量角质层外,其他部位很少看到角质化现象。

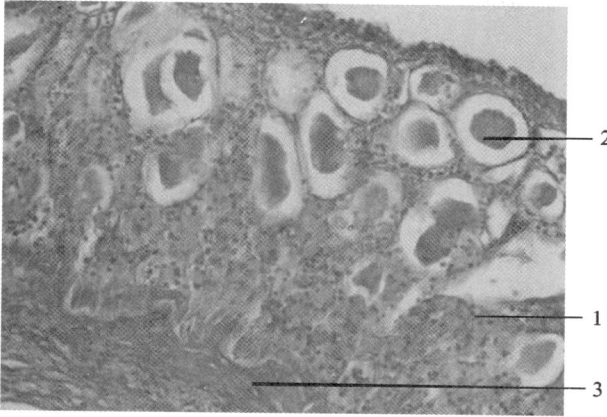

1.上皮层;2.黏液细胞;3.结缔组织

图 1-11　鱅鱼(*Aristichthys nobilis*)皮肤复层扁平上皮

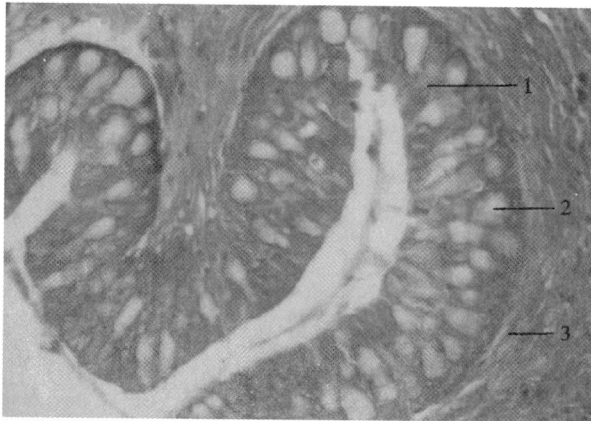

1.上皮层;2.黏液细胞;3.结缔组织

图 1-12　乌鳢食道黏膜上皮

6.假复层纤毛柱状上皮

观察猫、豚鼠(*Marmota monax*)等哺乳动物的气管黏膜上皮切片。

哺乳动物的气管黏膜上皮为假复层纤毛柱状上皮。上皮细胞的胞质染成红色,杯状黏液细胞的胞质浅染或呈空泡状。胞核染成紫蓝色,位于不同的水平面上。上皮游离面具有纤毛。基膜较厚,呈粉红色粗线条状。上皮层可又分为以

下类型的细胞(图 1-13):

(1)纤毛柱状细胞:胞核椭圆形,居中上层。胞质丰富,染成红色,游离面有纤毛。

(2)梭形细胞:胞核椭圆形,居中层。胞质较多,染成红色。

(3)锥形细胞:胞核圆形,居基底层。胞质少,染成红色。

(4)杯状细胞:即黏液细胞,呈高脚杯状。胞质浅染,呈网状或呈空泡状。胞核三角形或半月形,位于细胞的基底部。

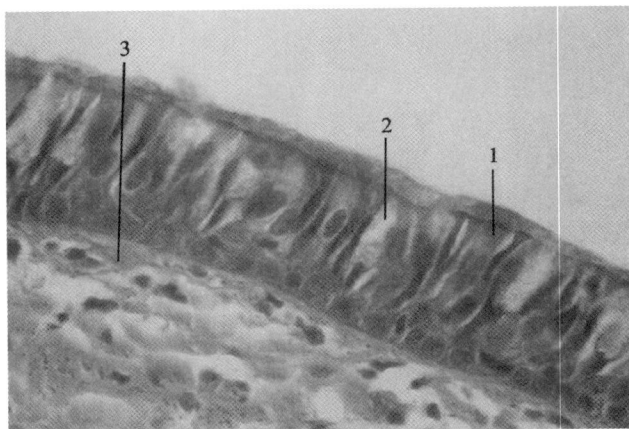

1.上皮层;2.黏液细胞;3.结缔组织

图 1-13　气管黏膜假复层纤毛柱状上皮

7. 变移上皮

观察兔(*Oryctolagus cuniculus*)膀胱上皮切片。

膀胱因空虚收缩时,上皮细胞界线清晰,排列规则。浅层细胞体积较大,胞核 1～2 个;深层细胞体积较小。依次可以观察到以下细胞(图 1-14A):

(1)基底层细胞:位于基膜上的一层细胞,胞体较小,呈方形或矮柱形。胞核圆形,较小,位于中央部位。

(2)中间层细胞:基底层之上有一层或数层多边形细胞。

(3)表层细胞:位于上皮表面的一层细胞,又称盖细胞。胞体较大,呈长方形或正方形,有时可见双核存在。细胞质嗜酸性,近游离面的胞质着色更深。

当膀胱因尿液充盈而扩张时,上皮会随之变薄,细胞的层数减少,表层细胞变扁平(图 1-14B)。

8. 腺上皮

(1)观察鲫鱼(*Carassius auratus*)小肠切片。

在小肠柱状上皮细胞间夹杂有十分丰富的单细胞黏液腺。黏液细胞染色浅,呈透明的空泡状,细胞核被挤压于基底部,染为紫色(图1-15)。

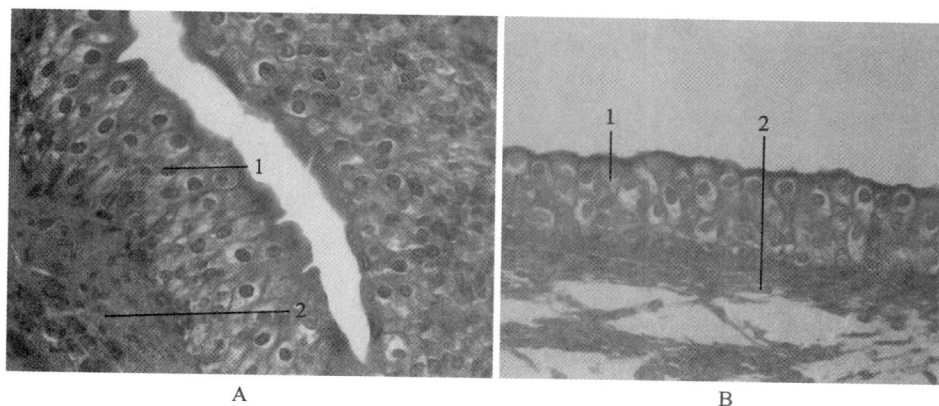

1.上皮组织;2.结缔组织

A.收缩状态　　B.扩张状态

图 1-14　兔膀胱变移上皮

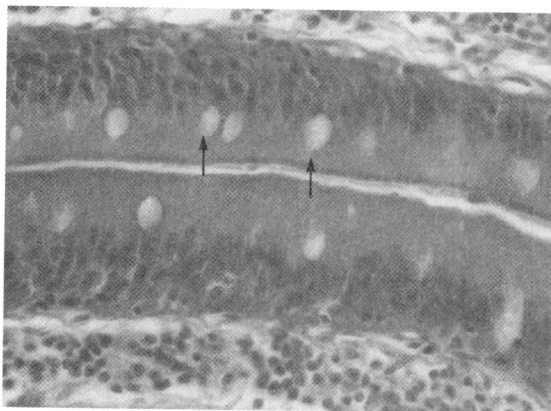

图 1-15　鲫鱼小肠黏液细胞(箭头示)

(2)观察文蛤(*Meretrix meretrix*)外套膜切片。

文蛤外套膜上皮细胞中分布有大量的黏液细胞。胞质嗜碱性,染为深蓝色。部分黏液细胞已下沉到上皮下的结缔组织中。上皮层的表面可观察到黏液层,有的细胞正在释放黏液物质(图1-16)。

(3)观察凡纳滨对虾(*Pennaus vannamei*)食道腺切片。

对虾食道黏膜下结缔组织中,分布着大量的多细胞腺体,称为食道腺。胞质着色浅,核扁圆,位于基底部。腺体周围分布有结缔组织(图1-17)。

(4)观察蟾蜍(*Bufo bufo gargarizans*)皮肤腺切片。

蟾蜍皮肤腺位于皮下结缔组织中,呈球形,有导管与表面相连。腺细胞胞质强嗜酸性,染为鲜红色;核椭圆形,位于基底部(图1-18)。

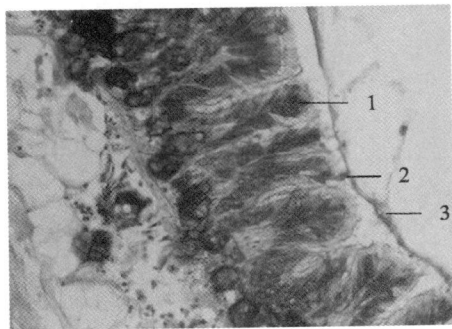

1.黏液细胞;2.正在释放黏液的黏液细胞;
3.上皮表面的黏液层
图1-16　文蛤外套膜黏液腺

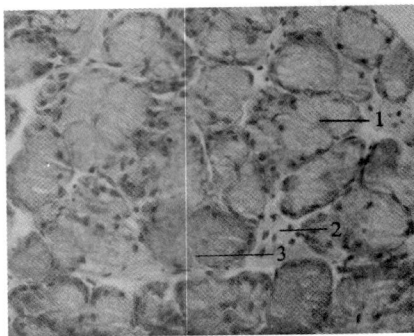

1.腺细胞;2.结缔组织;3.导管
图1-17　凡纳滨对虾食道腺

9.感觉上皮

(1)观察兔舌上皮切片。

在复层扁平上皮中,夹杂着由上皮细胞特化形成的味觉感觉器官——味蕾。味蕾呈卵圆形,顶部有一小孔,称为味孔,与口腔相连。细胞长梭形,排列紧密,染色浅,包括感觉细胞(味细胞)和支持细胞。感觉细胞的游离端有感觉毛伸入味孔,基部与味神经末梢相连。(图1-19)。

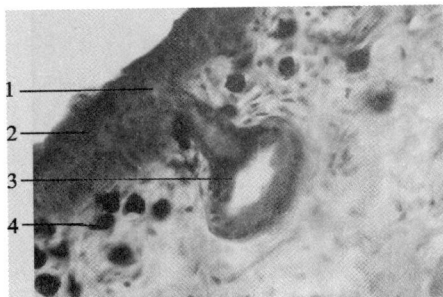

1.导管;2.上皮层;3.分泌部;4.色素细胞
图1-18　蟾蜍皮肤腺

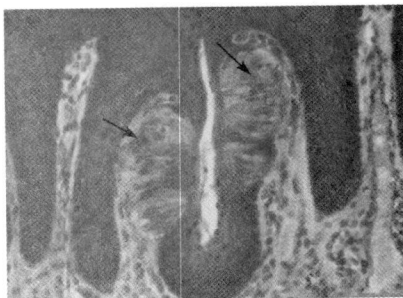

图1-19　兔舌味蕾(箭头示)

(2)观察栉孔扇贝外套膜及外套眼切片。

在栉孔扇贝外套膜上皮、外套眼及其他部位的体表上皮中,分布着许多具有丰富色素颗粒的色素细胞,具有感光作用(图1-20)。

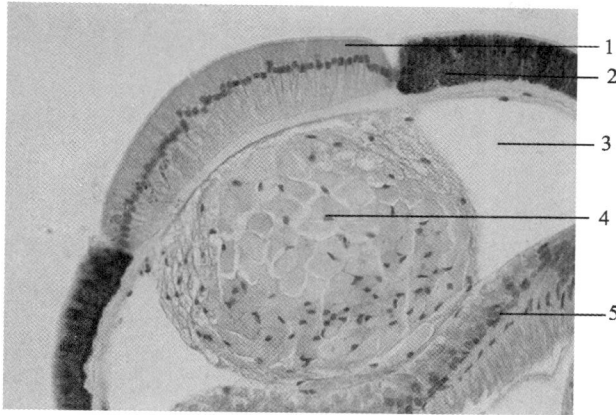

1.外角膜;2.色素上皮;3.血窦;4.水晶体;5.网膜

图1-20　栉孔扇贝的外套眼色素上皮

五、课堂完成下列绘图作业

(1)单层扁平上皮表面观,显示锯齿状的细胞界限。

(2)一段小肠黏膜上皮,显示柱状细胞、黏液细胞、纹状缘等结构。

(3)复层扁平上皮,显示几种不同类型细胞的形态。人类手指皮肤切片要显示角质层、透明层等结构。

(4)1～2个甲状腺泡或肾小管切面,显示立方上皮细胞的形态,注意细胞核位置。

(5)部分双壳贝类消化道上皮,显示纤毛柱状上皮形态,注意细胞与纤毛的比例。

六、思考题

(1)水生生物的体表黏液具有什么作用?

(2)鱼类鳞片与黏液细胞数量之间有什么关系?

(3)脊椎动物和无脊椎动物的上皮分布有何特点?

实验二　固有结缔组织与支持组织

一、实验目的

结缔组织的种类较多,分布广泛,其功能非常复杂。高等动物和低等动物的结缔组织又有许多不同之处。本实验的目的是认识各种固有结缔组织与支持组织的形态结构与分布特点。

二、实验仪器与药品

光学显微镜、擦镜纸、二甲苯、香柏油。

三、实验材料

不同动物、不同类型结缔组织制片。

四、实验内容

1.疏松结缔组织

(1)观察高等动物疏松结缔组织的伸展片。

结缔组织中除了无定型的基质外,主要为胶原纤维、弹性纤维及结缔组织细胞(图 2-1)。

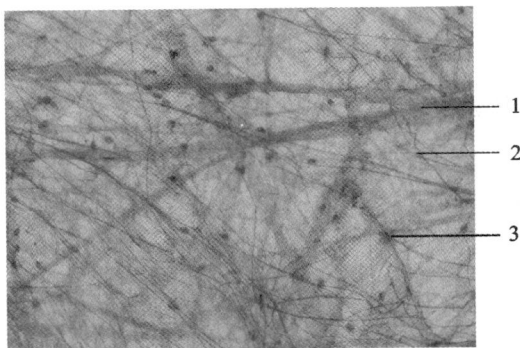

1.胶原纤维;2.弹性纤维;3.细胞

图 2-1　疏松结缔组织中的主要纤维与细胞

1)胶原纤维:数量多,染成粉红色。纤维粗大,有分支,在自然松弛状态下呈波浪状,但制片中波浪状已不明显。

2)弹性纤维:数量少,细而直,也有分支。染色较深,折光性强,断端卷曲。

3)成纤维细胞:细胞大,有多个突起,边缘不清楚。胞质弱嗜碱性;核较大,呈卵圆形,染色浅。

4)巨噬细胞:细胞形状不定,呈圆形、卵圆形或不规则形,边界较清楚,部分细胞可见伪足。胞质嗜酸性;核多偏位,较小,染色较深。

5)基质:纤维和细胞之间的空隙中充满基质(已溶解)。

(2)观察高等动物疏松结缔组织的伸展片(注射过)。

在注射过染料的伸展片内,可见巨噬细胞内有大量的染料颗粒,以区分成纤维细胞和巨噬细胞(图 2-2)。

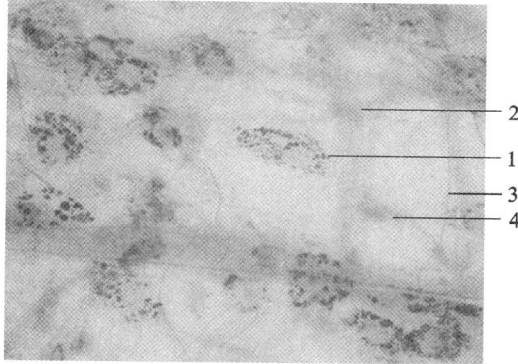

1.巨噬细胞;2.胶原纤维;3.弹性纤维;4.成纤维细胞核

图 2-2　疏松结缔组织中的巨噬细胞(注射过)

2.胶原纤维性致密结缔组织

(1)观察脊椎动物肌腱切片。

肌腱为规则的致密结缔组织。其结构特点是胶原纤维含量较多,排列整齐而规则,具有较强的韧性。胶原纤维被染成红色。较大的纤维束之间有少量疏松结缔组织。腱细胞位于胶原纤维束之间,成行排列(图 2-3)。

(2)观察人皮肤真皮层切片。

人皮肤真皮层为不规则的胶原纤维性致密结缔组织。主要特点是粗大的胶原纤维纵横交错,排列不规则;纤维束之间有血管和疏松结缔组织分布(图2-4)。

3.弹性纤维性致密结缔组织

观察狗(*Canis familiaris* Linnaeus)股动脉切片。

血管内膜中内弹性膜较厚,由弹性纤维交织而成,染色较深。中膜内含有较多的弹性纤维,呈波浪状,纤维之间有结缔组织和平滑肌细胞(图 2-5)。

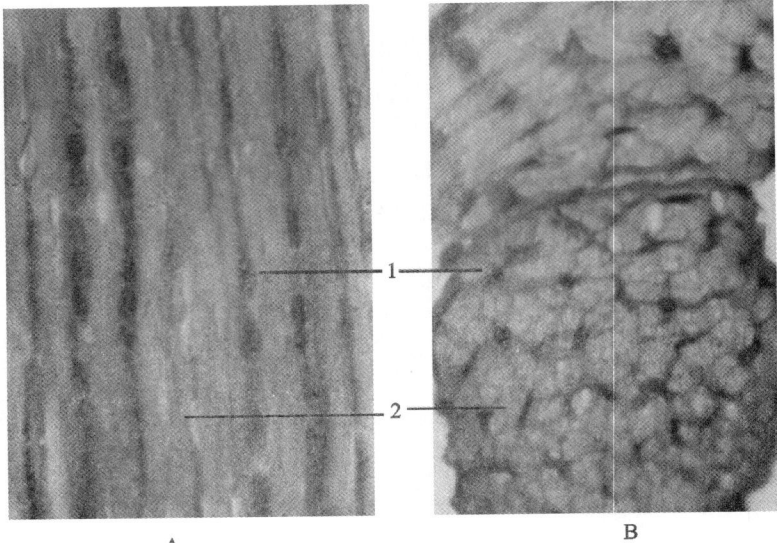

1.腱细胞;2.胶原纤维
A.纵切面　B.横切面
图 2-3　(肌腱)规则的胶原纤维性致密结缔组织

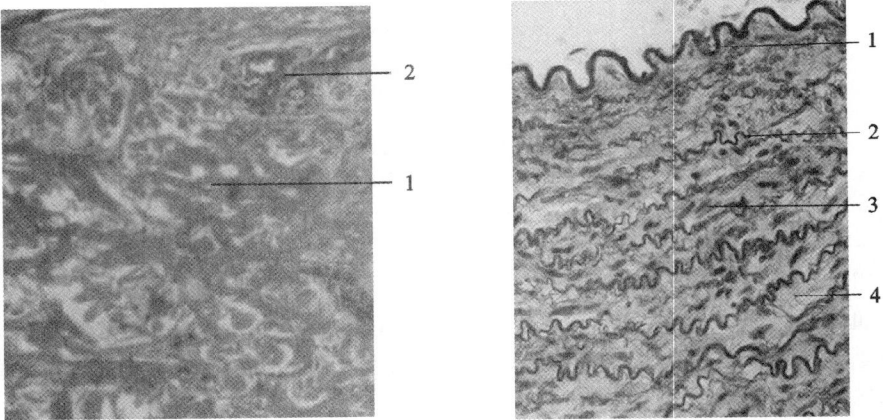

1.胶原纤维;2.血管　　1.弹性膜;2.弹性纤维;3.平滑肌细胞;4.结缔组织
图 2-4　皮肤真皮层不规则致密结缔组织　图 2-5　狗股动脉紧密排列的弹性纤维(银染)

4.网状组织

观察人肝脏切片。

网状组织由网状细胞、网状纤维和基质组成。其网状纤维纤细、分支并相互结合形成纤维网架,网状细胞、血细胞位于支架内。肝脏切片中网状纤维染为棕褐色,细胞着色浅(图 2-6)。

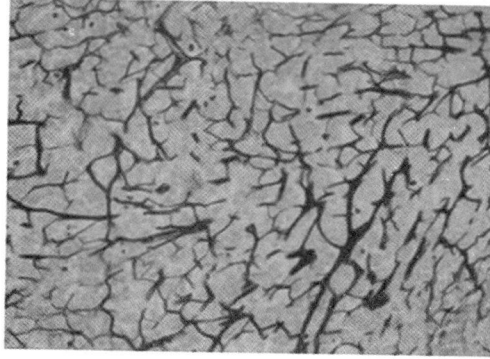

图 2-6　人肝脏网状纤维(银染)

5. 色素细胞

观察蟾蜍(*Bufo melanostictus* Schneider)皮肤切片、青蛙 (*Rana nigromaculate*) 皮肤色素细胞整封片。

色素细胞位于上皮下结缔组织内,为多胞突的细胞。细胞核圆形或椭圆形,位于中间部位。胞质内充满棕褐色的色素颗粒(图 2-7)。

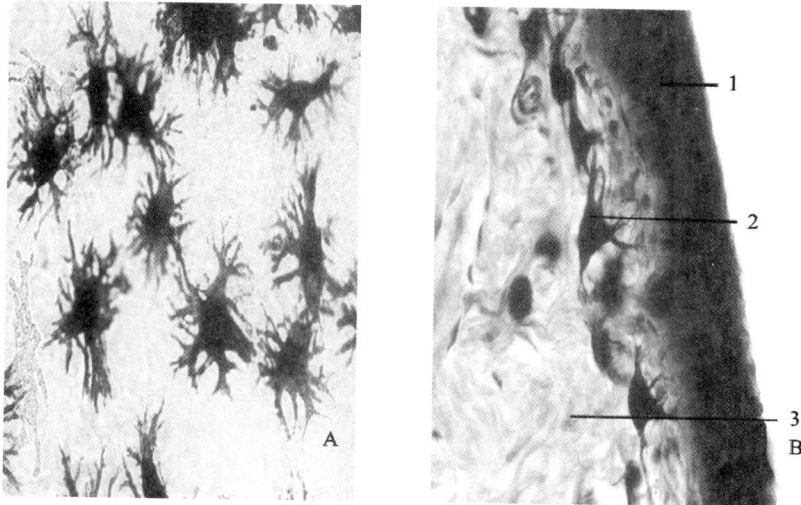

1. 上皮组织;2. 色素细胞;3. 结缔组织
A. 整封片中色素细胞的形态　B. 切片中色素细胞的形态
图 2-7　色素细胞的形态

6.脂肪组织

(1)观察人皮肤脂肪组织切片。

脂肪组织位于皮下层内,着色最浅。脂肪组织被疏松结缔组织分隔成若干小叶,小叶内有成团的空泡状脂肪细胞。脂肪细胞呈圆形或多边形,胞质内含一大空泡,为制片时被溶去的脂滴部位。胞质少,分布在空泡的周围。核呈月牙形或梭形,被挤到细胞的一侧(图2-8)。

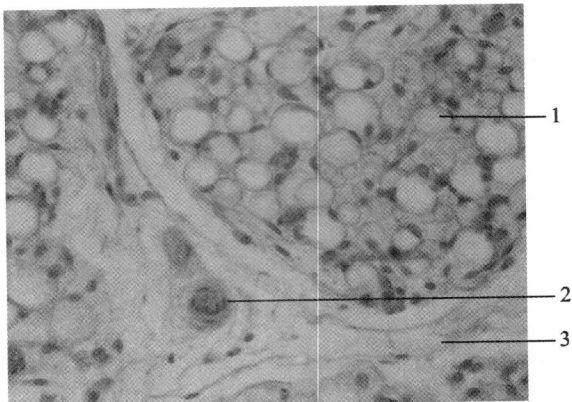

1.脂肪细胞;2.血管;3.结缔组织

图2-8　人皮肤中的脂肪组织(发育中)

(2)观察鲫鱼鳃脂肪组织切片。

鳃皮下脂肪组织十分发达。脂肪细胞个体较大,内部全被脂滴占据,切片中呈空泡状。胞核月牙状,位于细胞边缘部位。脂肪细胞间被疏松结缔组织填充(图2-9)。

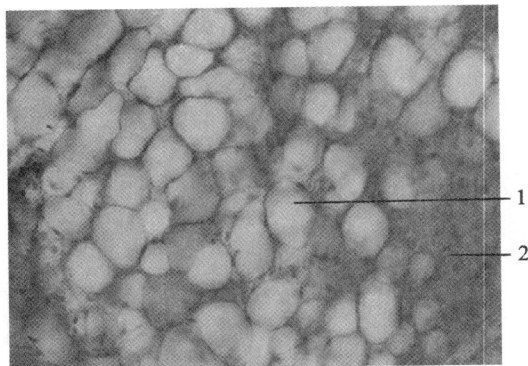

1.脂肪细胞;2.结缔组织

图2-9　鲫鱼鳃脂肪组织

7.无脊椎动物结缔组织的结构特点

无脊椎动物的结缔组织多为疏松结缔组织,基质较少,纤维不明显或很少,血淋巴细胞较多。

(1)观察文蛤外套膜结缔组织切片。

结缔组织位于内、外上皮层之间,染色较浅,可见血淋巴细胞和血窦。结缔组织中可观察一定数量的肌纤维分布,染为鲜红色(图2-10)。

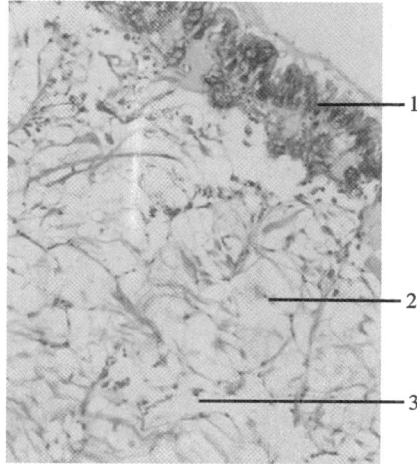

1.上皮层;2.结缔组织;3.肌纤维
图 2-10　文蛤外套膜结缔组织

(2)观察长牡蛎(*Grassostrea gigas*)内脏团结缔组织切片。

结缔组织呈透明空泡状,内有血窦及血淋巴细胞分布(图2-11)。

(3)观察凡纳滨对虾贲门胃结缔组织切片。

结缔组织位于上皮之下,染色浅,内有血淋巴细胞、血窦等,看起来呈空泡状(图2-12)。

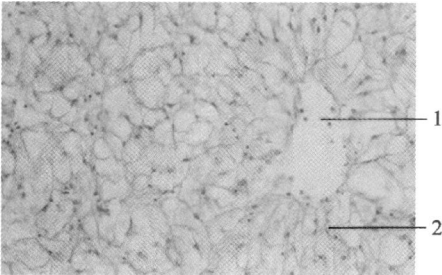

1.血窦;2.结缔组织
图 2-11　牡蛎内脏结缔组织

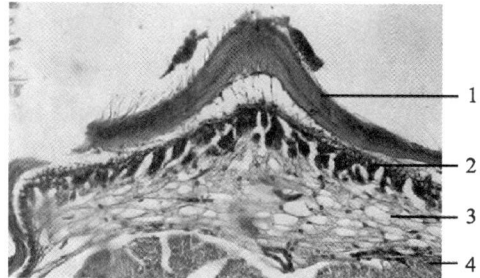

1.角质层;2.上皮层;3.结缔组织;4.肌肉层
图 2-12　凡纳滨对虾贲门胃结缔组织

8.透明软骨

(1)观察哺乳动物(猫、狗或豚鼠)的咽或气管切片。

低倍镜观察,找到染成蓝紫色的透明软骨,可观察到如下结构:

1)软骨膜:位于透明软骨表面,由致密结缔组织构成,外层纤维较多,内层较少。

2)软骨囊:为软骨细胞周围的基质,嗜碱性强,染色较深。

3)软骨细胞:软骨细胞形态不一致。靠近软骨膜的细胞较小,呈椭圆形,单个分布,与软骨膜平行排列;在软骨深部,细胞较大,呈圆形或椭圆形,成对或成群分布(即同族细胞群)。生活状态下,软骨细胞充满整个软骨陷窝内。经固定和脱水后,细胞收缩为星形。因此,细胞与软骨囊之间出现透亮的空隙,此为陷窝的一部分(图 2-13)。

4)基质:染成蓝色,但着色深浅不一。软骨囊处着色深。

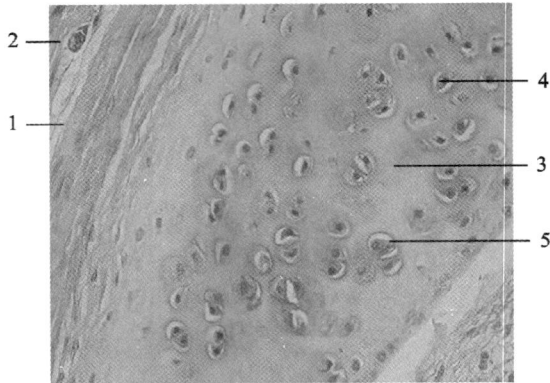

1.软骨膜;2.血管;3.软骨基质;4.软骨细胞;5.同族细胞群

图 2-13　豚鼠气管透明软骨

(2)观察鲤鱼(*Cyprinus carpio*)鳃透明软骨切片。

软骨较薄,具软骨膜。软骨细胞个体较大,排列密集。基质少(图 2-14)。

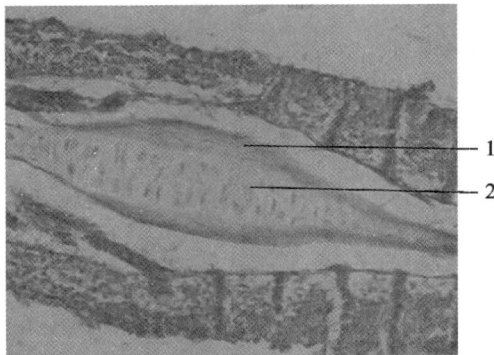

1.软骨膜;2.软骨细胞

图 2-14　鲤鱼鳃透明软骨

（3）观察白斑星鲨(*Mustelus manazo* Blee)头颅软骨切片。

星鲨头颅软骨属于透明软骨。软骨膜由粗大胶原纤维组成,靠皮肤的一侧软骨膜较厚。表层软骨的内侧分布着一层软骨基质钙化层,这里的软骨基质呈强嗜碱性,HE染色的切片中被染为深紫色,包埋在钙化基质中的软骨细胞趋于退化。钙化层以下的软骨组织与高等动物的透明软骨的基质相似,但软骨细胞较小,有时可见细长的胞突,也可看见两个细胞组成的简单同族细胞群(图2-15)。

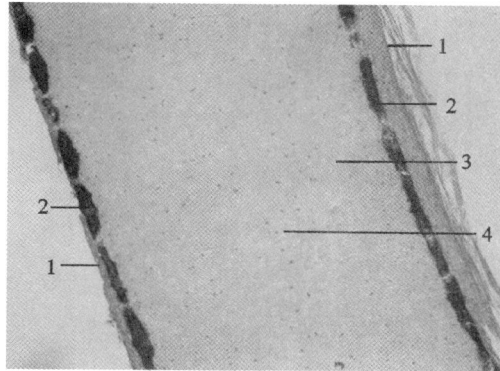

1.软骨膜;2.透明软骨;3.钙化层
图2-15　白斑星鲨头颅透明软骨

9.弹性软骨和纤维软骨

（1）观察兔耳廓切片。

弹性软骨与透明软骨组成相似,主要不同是基质中含大量弹性纤维,交织成网(图2-16)。

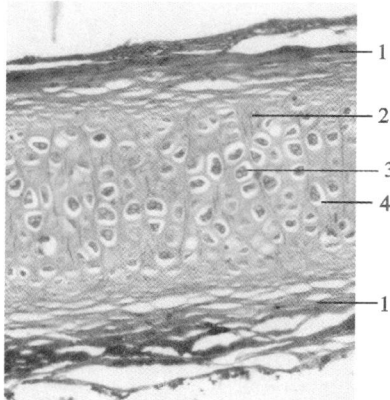

1.软骨膜;2.弹性纤维;3.软骨细胞;4.软骨陷窝
图2-16　兔耳弹性软骨

(2)观察猫椎间盘切片。

纤维软骨内胶原纤维数量多,平行或交错排列。软骨细胞数量较少,位于纤维束之间,常成行排列。基质不明显,仅见于软骨细胞周围(图 2-17)。

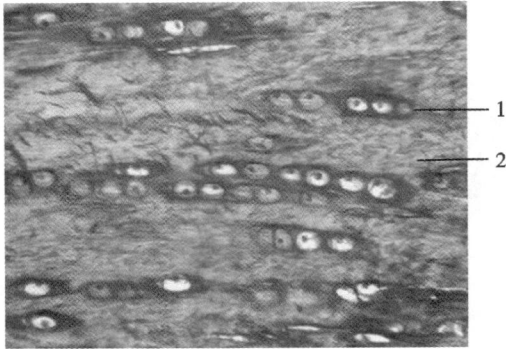

1.软骨细胞;2.胶原纤维

图 2-17　纤维软骨

10.硬骨结构

观察人腿骨横磨片。

横磨片中依次观察下列结构(图 2-18A):

(1)外环骨板,位于骨表面,骨板与骨表面平行排列,层次较多而整齐。

(2)内环骨板,沿骨髓腔面排列,骨板层次少且厚薄不一。

(3)哈佛氏系统,位于内、外环骨板之间,哈佛氏系统中央为黄褐色的中央管,许多层哈佛氏骨板围绕中央管呈同心圆排列。

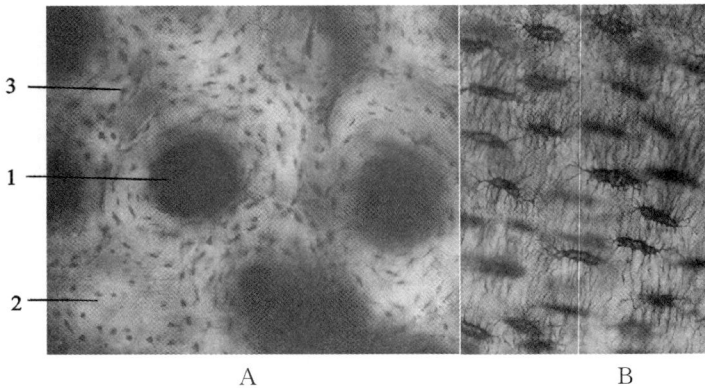

1.哈佛氏系统;2.间骨板;3.骨陷窝

A.横磨片　B.骨细胞

图 2-18　人腿骨的基本结构

4)间骨扳,位于哈佛氏系统之间,为大小不等、排列不规则的骨板。

5)骨陷窝,位于骨板间或骨板内,为骨细胞所占据的腔隙。骨陷窝向四周发出许多细而分支的小管,称为骨小管(图 2-18B)。

五、课堂完成下列绘图作业

(1)青蛙色素细胞的形态,显示胞突、色素颗粒及细胞核等。

(2)脂肪组织,显示脂肪组织的形态结构特征。

(3)高等哺乳类透明软骨,显示软骨膜、软骨细胞、软骨囊、软骨陷窝、同族细胞群及软骨基质等基本结构。

(4)星鲨头部透明软骨的整体结构,显示软骨膜、幼稚软骨、成熟软骨、钙化层、软骨基质等。

(5)弹性软骨的整体图,显示软骨膜、幼稚软骨、成熟软骨、软骨基质及弹性纤维的排列等。

(6)人腿骨横磨片,显示几个哈佛氏系统、环骨板、间骨板及骨陷窝等。

六、思考题

(1)鲨鱼头部透明软骨的钙化层有什么作用?

(2)无脊椎动物结缔组织有什么结构特点?

实验三　血　液

一、实验目的

血液属于结缔组织,在人体及动物有机体中具有防护免疫、营养输送等重要作用。不同动物的血液,其细胞的数量和类型不同。本实验的目的是认识人类、鱼类、贝类等动物血细胞的类型与结构。

二、实验仪器与药品

光学显微镜、擦镜纸、二甲苯、香柏油。

三、实验材料

不同动物血液涂片。

四、实验内容

1. 观察人类血液涂片(Giemsa 或 Wright's 染色)(图 3-1)

(1)红血细胞:正面看呈凹圆盘状,侧面看为哑铃形。中间染色浅,周围染色深,无细胞核、细胞器,直径为 $7\sim8.5$ μm。

(2)白血细胞可观察到嗜中性颗粒白血细胞、嗜酸性颗粒白血细胞、嗜碱性颗粒白血细胞、淋巴细胞、单核细胞。

1)淋巴细胞:占白细胞总量的 $20\%\sim30\%$。核呈球形或卵形,较大,染色深,边缘常有小缺刻;胞质少,染为浅蓝色。根据大小可区分大、中、小 3 种类型。

2)单核细胞:占白细胞总量的 $3\%\sim8\%$,为体积最大的白血细胞,直径为 $13\sim20$ μm。细胞核肾形或马蹄形,常偏位分布,染色浅。胞质中有嗜天青颗粒,染为蓝灰色。

3)嗜中性颗粒白血细胞:占白细胞总量的 $50\%\sim70\%$,数量最多。直径为 $10\sim12$ μm,核形不规则,为分叶核(2~5 叶)。

4)嗜酸性颗粒白血细胞:占白细胞总量的 $0.5\%\sim3\%$,直径为 $10\sim15$ μm,数量很少。核常为双叶形(也有单叶或 3 叶的),细胞质中有染成鲜红色的球形嗜酸性颗粒。

5)嗜碱性颗粒白血细胞:占白细胞总量的 $0 \sim 1\%$,数量最少,不易寻见。直径为 $10 \sim 12 \mu m$,核通常不规则而且不易看清楚。细胞质中含有大小不一的颗粒,被染成深紫色或深蓝色。

(3)血小板:个体最小,常聚集成群。胞质浅蓝色,中央有紫色的颗粒,周围区透明。外形不规则,常呈多角形。

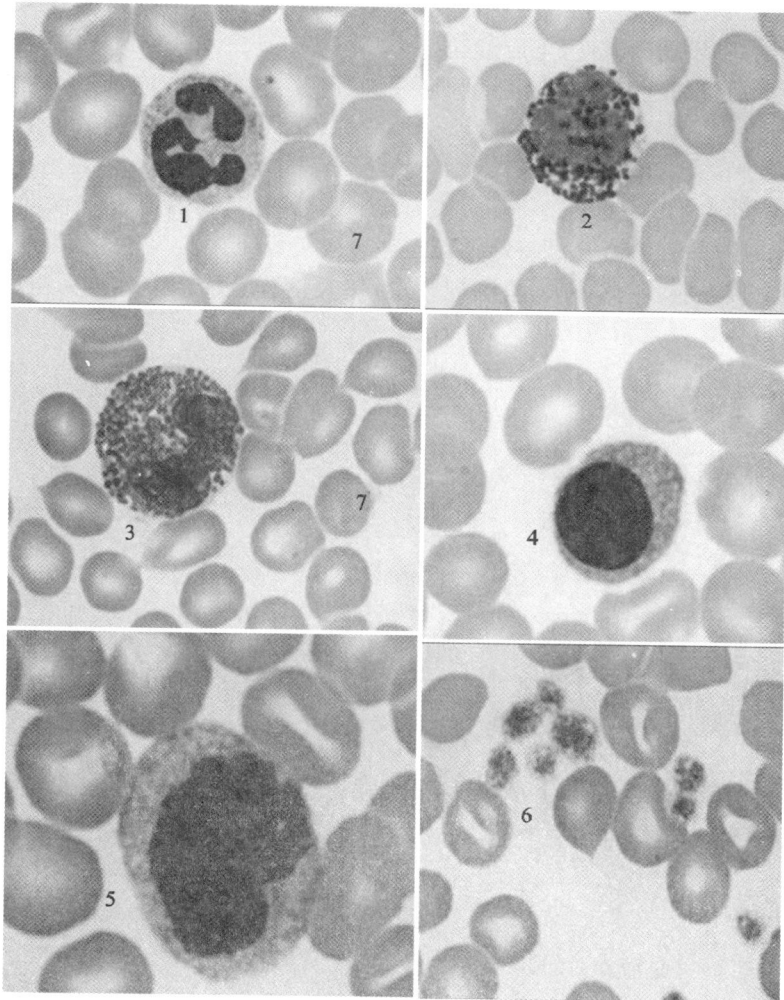

1.嗜中性颗粒白血细胞;2.嗜碱性颗粒白血细胞;3.嗜酸性颗粒白血细胞;
4.淋巴细胞;5.单核细胞;6.血小板;7.红血细胞

图 3-1　人类血细胞的基本类型(Giemsa 染色)

2.观察人红骨髓切片

红骨髓由网状组织、造血组织和血窦构成(图3-2),可观察到不同发育期的血细胞。

(1)早幼红细胞:个体较大,核圆形,占胞体的大半,染色质呈粗颗粒状;胞质嗜碱性,染成蓝色。

(2)晚幼红细胞:较成熟红细胞略大;核小,为圆形或不规则形。染色质致密,染色深;胞质弱嗜碱性,染成紫红色。

(3)早幼粒细胞:个体较大,呈圆形或椭圆形。核圆形或椭圆形,偏位,染色质粗网状,可见核仁;胞质弱嗜碱性,呈浅蓝色,含大小不等、染为紫色的嗜天青颗粒;特殊颗粒少,不易辨认。

(4)晚幼粒细胞:较小,呈圆形;核为肾形或马蹄形,约占胞体一半,染色质呈致密块状;胞质嗜酸性,充满特殊颗粒。

(5)巨核细胞:胞体很大,呈不规则形;核大呈分叶状。染色质为粗块状;胞质着浅蓝色,含大量紫色的嗜天青颗粒。

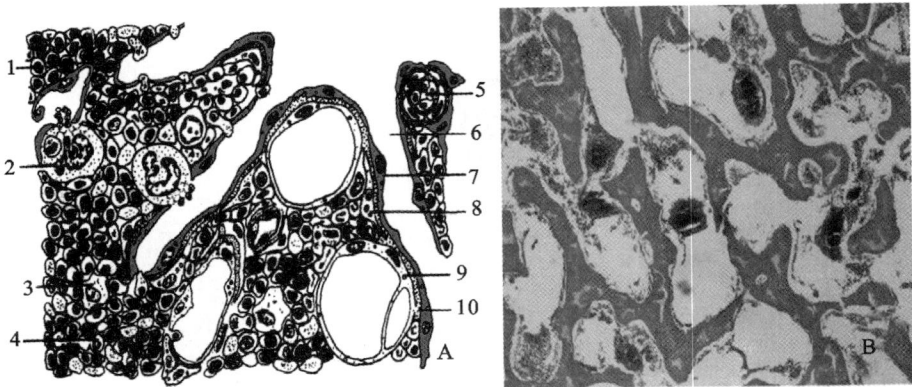

1.造血组织;2.巨核细胞释放血小板;3.幼红细胞岛;4.网状细胞;5.小动脉;6.血窦;7.内皮;8.周细胞;9.脂肪细胞;10.基膜

A.模式图 B.切片

图3-2 人类红骨髓结构

3.观察鲫鱼血液涂片(Giemsa染色)

鲫鱼血细胞包括以下几种类型(图3-3、图3-4):

(1)红血细胞:椭球形,有一椭球形或梭形细胞核。可观察到血细胞的分裂现象。

(2)白血细胞:呈球形,直径比红血细胞小。注意各种类型白细胞的形态、大小及胞核的形态与位置。

1）嗜中性颗粒白血细胞：嗜中性颗粒白血细胞是有颗粒白血细胞中数量最多的一种。细胞呈球形或椭球形，核偏位，形状不规则，为肾形、带状或分叶核。

2）嗜酸性颗粒白血细胞：嗜酸性白血细胞的数量较少，细胞呈球形，胞核为长椭球形、肾形，或分成2叶，常偏位一侧。细胞质中的嗜酸性颗粒被染成橘红色，并有粗、细之分。

3）嗜碱性白血细胞：是数量最少的一种细胞（有些鱼类缺）。细胞呈球形，胞核呈扁球形或有凹陷偏于一侧，细胞质中含有许多粗大的球形或椭球形嗜碱性颗粒，被染成深蓝紫色，这些颗粒往往将细胞核覆盖起来。

4）淋巴细胞：鱼类淋巴细胞的数量最多，约占白血细胞的60%。其形态与哺乳动物的淋巴细胞的形态很相似，可分成大、小2种。

5）单核细胞：数量很少，单核细胞呈球形，细胞核椭球形、肾形或马蹄形，染色质较疏松，着色浅淡。

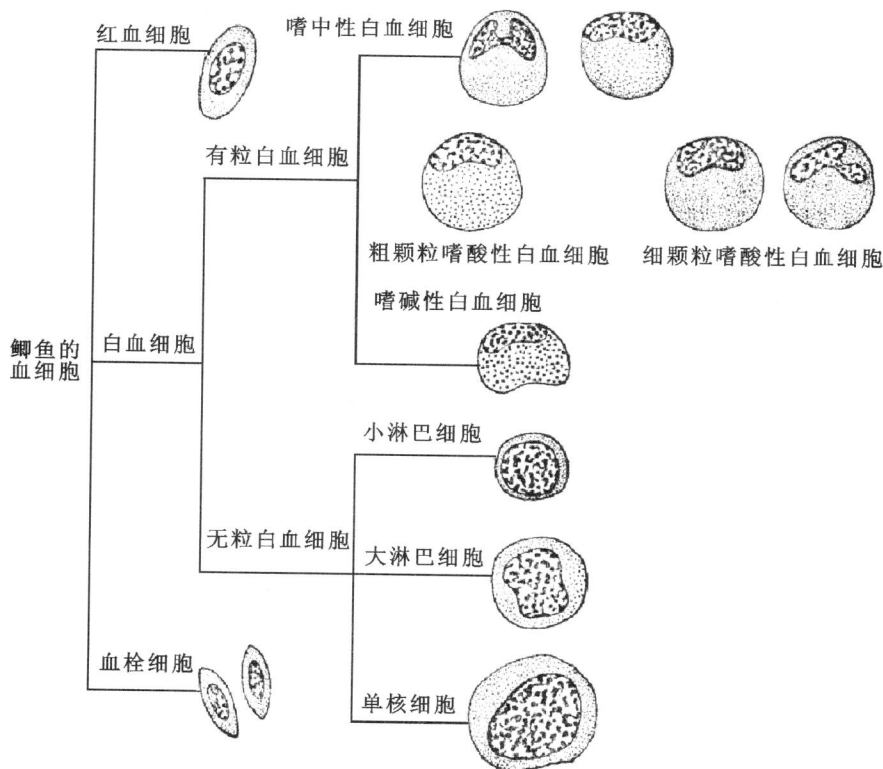

图3-3 鲫鱼血细胞的基本类型模式图（引自楼允东，1999）

6)血栓细胞:为纺锤形或球形,在血液涂片上往往 4~5 个聚集在一起。血栓细胞略大于红血细胞的细胞核。胞核为椭球形,染色质浓密,着色深。在核周围有很薄的一层细胞质。

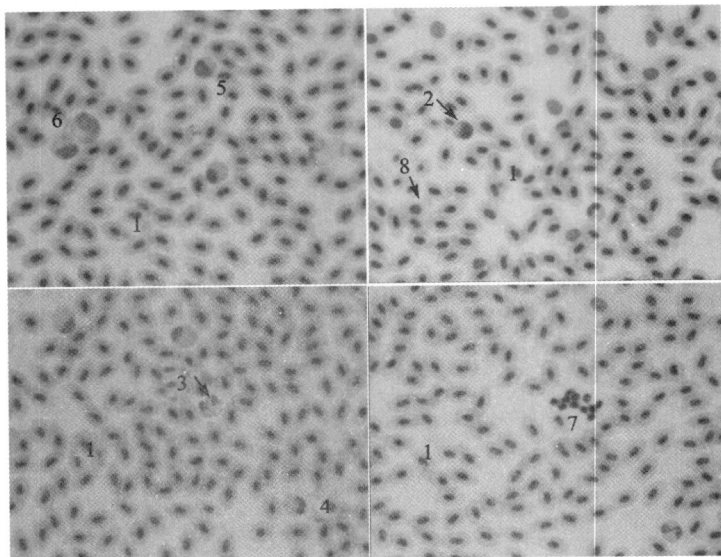

1.红血细胞;2.淋巴细胞;3.嗜中性颗粒细胞;4.嗜酸性颗粒细胞;5.嗜碱性颗粒细胞;
6.单核细胞;7.血栓细胞;8.未成熟红血细胞

图 3-4　鲫鱼血细胞的基本类型(Giemsa 染色)

4.观察刺参(*Stichopus japonicus* Selenka)血淋巴细胞

(1)血淋巴细胞活体观察发现有 3 种不同类型的细胞(图 3-5)。

1)大颗粒血细胞:细胞呈球形或椭球形,直径为 $6.80\sim12.80$ μm。胞质内充满较大的颗粒。由于颗粒的掩盖,核通常不易见,未见胞突伸出。

2)小颗粒血细胞:细胞数量较多,呈球形、椭球形等,直径为$4.87\sim11.02$ μm。细胞质中有许多细小的颗粒。细胞核较小,侧位分布。可见部分细胞伸出的细长胞突。

3)无颗粒血细胞:细胞数量最多,呈球形、椭球形等,直径为$4.16\sim10.28$ μm。胞质透明,无颗粒分布;细胞核大,中位或侧位分布。细胞易变形,常伸出许多长短不一的胞突。

(2)血淋巴涂片(Giemsa 染色,图 3-6)。观察发现下列类型细胞。

1)大颗粒细胞:胞质内有较粗大的颗粒,分为嗜酸性颗粒和嗜碱性颗粒两种类型的细胞。

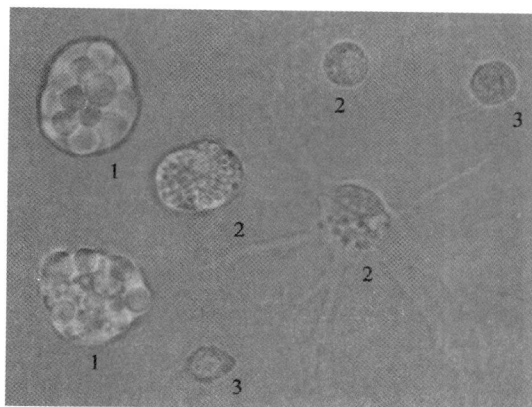

1. 大颗粒细胞；2. 小颗粒细胞；3. 无颗粒细胞

图 3-5 刺参血淋巴细胞的基本类型（活体观察）

2）小颗粒细胞：胞质内含有细小的颗粒，分为嗜酸性颗粒和嗜碱性颗粒两种类型的细胞。

3）无颗粒细胞：胞质嗜碱性，染为浅蓝色，较丰富。胞核球形，中位或侧位分布。胞质内未发现有明显颗粒存在。

4）透明淋巴细胞：细胞个体较小，球形。胞质较少，透明状。细胞核球形，核质比例较高。

另可观察到一类个体较大的特殊细胞，其胞核不规则，胞质丰富。

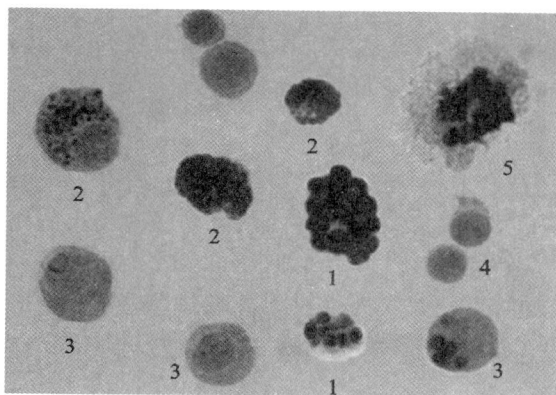

1. 大颗粒细胞；2. 小颗粒细胞；3. 无颗粒细胞；4. 透明淋巴细胞；5. 特殊细胞

图 3-6 刺参血淋巴细胞的基本类型（Giemsa 染色）

5.观察对虾血淋巴涂片

按照细胞胞质中颗粒的有无、颗粒的多少及颗粒的大小等,将对虾血淋巴细胞分为大颗粒细胞、小颗粒细胞和无颗粒细胞(图 3-7)。

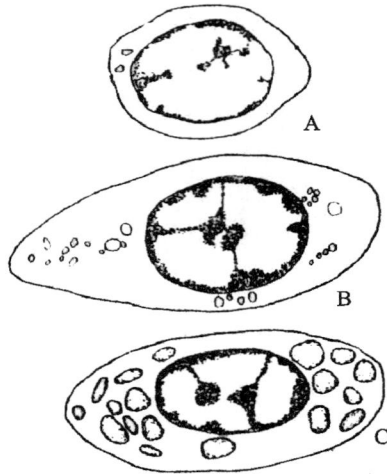

A. 无颗粒细胞 B. 小颗粒细胞 C. 大颗粒细胞

图 3-7 对虾血淋巴细胞的基本类型

(引自 Dall W 等著,陈楠生译;1992)

6.观察文蛤、扇贝等双壳贝类血淋巴涂片

(1)文蛤血淋巴涂片可观察到下列类型细胞(图 3-8)。

1)嗜酸性无颗粒细胞:嗜酸性无颗粒细胞约占 67%。细胞多卵形,细胞质浅染或深染。细胞核球形,偏位。细胞直径为 5.2～9.7 μm,细胞核直径为 2.2～3.2 μm。

2)嗜碱性无颗粒血细胞:嗜碱性无颗粒血细胞约占 6%。细胞多卵形,胞质蓝色。核偏位,球形或马蹄形。胞质内偶尔可见一些细小的嗜碱性颗粒。细胞直径为 5.2～8.9 μm,细胞核直径为 2.5～3.1 μm。

3)嗜碱性淋巴样血细胞:嗜碱性淋巴样血细胞占 1%～2%。细胞多球形,胞质蓝色。核中位,深染,球形或马蹄形。细胞直径为 4.9～8.2 μm,细胞核直径为 3.5～4.2 μm。

4)嗜碱性小颗粒血细胞:嗜碱性小颗粒血细胞约占 15%。细胞球形,胞质内充满嗜碱性的细胞颗粒。核球形,偏位分布。细胞直径为 9.8～13.4 μm,胞核直径为 2.8～4.5 μm。

5)嗜酸性大颗粒血细胞：嗜酸性大颗粒血细胞约占 10%。在涂片中,细胞形状多变,从不规则的长椭球形到球形。胞质内充满大的嗜酸性颗粒。细胞核偏位,浅蓝色到深蓝色不等。这种细胞容易在涂片中破裂,颗粒扩散到玻片上。细胞直径为 8.0~13.9 μm,细胞核直径为 3.2~4.5 μm。

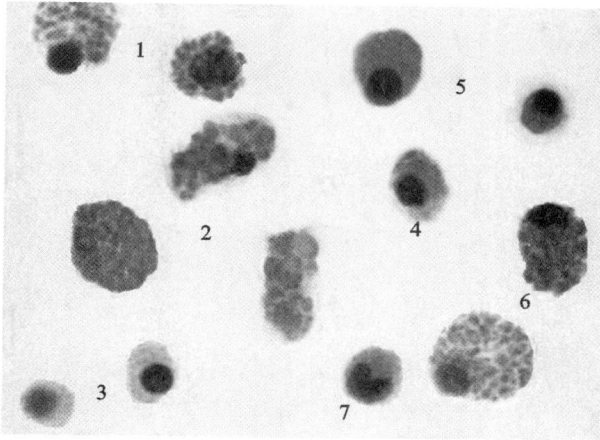

1,6.嗜碱性小颗粒血细胞;2.嗜酸性大颗粒血细胞;3.嗜碱性无颗粒血细胞;4、5.嗜酸性无颗粒血细胞;7.嗜碱性淋巴细胞

图 3-8　文蛤血淋巴细胞的基本类型（Giemsa 染色）

（2）扇贝血淋巴涂片（Giemsa 染色）：观察到的细胞基本类型（图 3-9）如下:

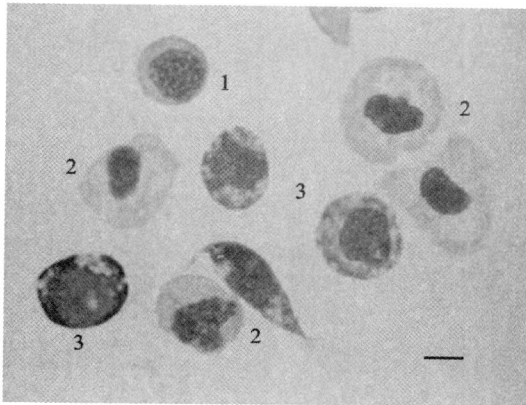

1. Ⅰ型细胞;2.Ⅱ型细胞;3.Ⅲ型细胞

图 3-9　扇贝血淋巴细胞的基本类型

　　1）Ⅰ型细胞：为淋巴样细胞,数量较少,占所有类型细胞的5%～6%。细胞个体较小,呈球形,无胞突;胞核球形或椭球形,异染色质较多,结构疏松;胞质少,结构均匀,弱嗜碱性,染为浅蓝色,未见颗粒分布;该种细胞的核质比高。

　　2）Ⅱ型细胞：为透明细胞,数量最多,占所有类型细胞的60%～70%。细胞个体较大,球形,易形成胞突;胞核较小,结构致密,呈肾形、椭球形或不规则状,侧位或中位,异染色至少;胞质十分丰富,弱嗜碱性,呈灰白色,结构均匀,无颗粒;细胞核质比低。

　　3）Ⅲ型细胞：数量较多,占所有类型细胞的30%～40%。细胞易变形,多胞突,且大小不一;胞核椭球形或肾形,结构疏松,侧位或中位分布,异染色质较少;胞质丰富,强嗜碱性,染为深蓝色。胞质内含许多空泡状吞饮小泡,但未见明显颗粒;细胞核质比较高。

五、课堂完成下列绘图作业

(1)人血液各种细胞类型,注意区分嗜酸性、嗜碱性颗粒细胞及血小板。
(2)鲫鱼血液各种细胞类型,注意观察红血细胞的分裂现象。
(3)文蛤及扇贝血淋巴细胞的类型,注意血淋巴细胞的形态结构特点。

六、思考题

(1)与高等哺乳类比较,低等无脊椎动物血细胞的类型有何不同?
(2)无脊椎动物的血淋巴细胞采用什么方式进行免疫防护?

实验四　肌肉组织

一、实验目的

不同动物、不同部位肌肉组织的类型与结构都存在差异。本实验的目的是了解各种动物肌肉组织的基本结构特点。

二、实验仪器与药品

光学显微镜、擦镜纸、二甲苯、香柏油。

三、实验材料

不同动物肌纤维及肌肉组织制片。

四、实验内容

1. 平滑肌

平滑肌主要分布在内脏器官如消化道、呼吸道和泌尿生殖道的管壁,也见于血管和淋巴管的管壁。平滑肌的基本成分是平滑肌纤维,即平滑肌细胞(图 4-1)。

(1)观察平滑肌纤维的分离装片。

1)肌核:为短棒状或长梭形,位于细胞最粗的部位。核内染色质呈细颗粒状,粗细不均匀,并含有 1 至数个核仁。当肌细胞收缩时,肌核常扭曲呈螺旋状。

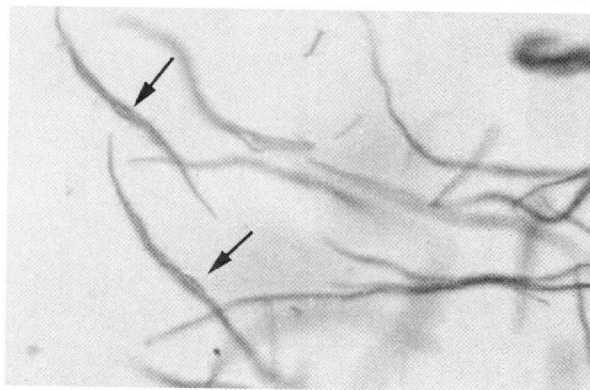

图 4-1　平滑肌纤维的形态(箭头示肌核)

2)肌原纤维:为沿细胞的长轴纵行排列在细胞质中的细丝。肌原纤维在普通制片中不宜观察到,未经染色的肌细胞较明显。

3)肌浆:在肌核的两端最多,肌浆均匀,被染为红色。

4)肌膜：为肌细胞的细胞膜，通常不明显。

(2)观察鲫鱼小肠平滑肌组织切片。

平滑肌组织较厚，分内、外2层。内层为纵切面，平滑肌纤维呈长梭形，相邻的肌纤维彼此交错、相互嵌合。肌浆嗜酸性，结构均匀。肌核位于细胞的中央，呈杆状，但细胞收缩时肌核常变形呈螺旋状，染色质较少。外层为横切面，较薄。横切面上平滑肌纤维呈大、小不等的圆形或椭圆形。在较大的肌纤维切面上可见圆形的肌核存在（图4-2）。

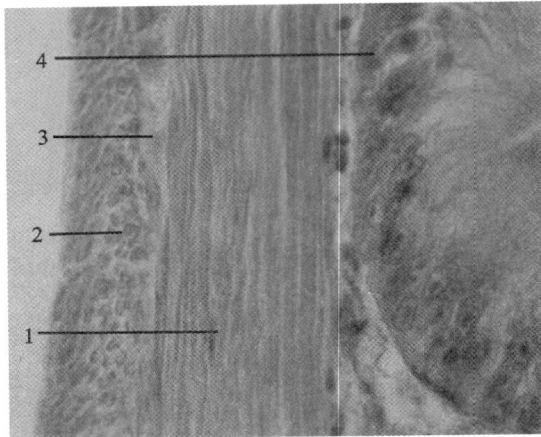

1.肌纤维纵切；2.肌纤维横切；3.肌间结缔组织；4.肠上皮

图4-2 鲫鱼肠壁平滑肌组织

在肌细胞之间，常有一些疏松结缔组织及血管分布，以供给肌细胞必要的营养。

(3)观察双壳贝类消化道平滑肌切片。

双壳贝类消化道黏膜上皮下为薄层平滑肌组织，肌纤维细长，排列紧密（图4-3）。

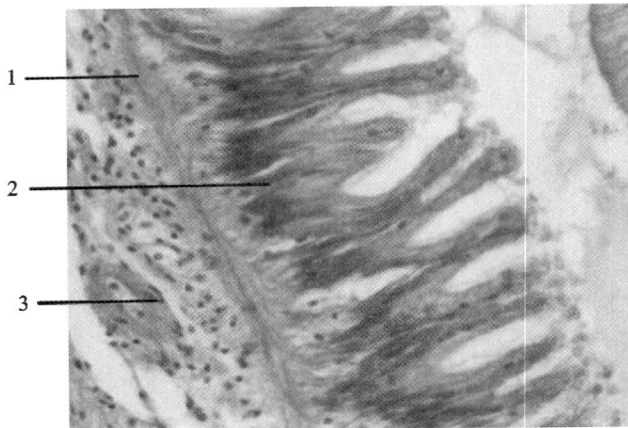

1.平滑肌组织；2.上皮层；3.结缔组织

图4-3 泥蚶(*Tegillarca granosa*)胃平滑肌组织

2.骨骼肌

（1）观察高等动物骨骼肌纵切片。

1）肌纤维：纵切为长柱形的多核细胞，长数毫米至数厘米，直径为 $10\sim$ $100~\mu m$（图 4-4）。

2）肌核：在一条肌纤维内有数十甚至数百个细胞核，为合胞体，呈椭圆形或棒形，常靠在肌纤维的边缘和肌膜的内侧，一般着色淡而亮，其中有许多染色质颗粒和 1 至数个核仁。

3）肌原纤维：肌纤维的肌浆中含有许多与细胞长轴平行、均匀或成束分布的细丝状结构，为肌原纤维。在纵切面上，每条肌原纤维上有许多浅色的明带（I）和深色的暗带（A）相间排列。在明带中，可以看到一条染色较深的细线横穿在许多肌原纤维中，称为 Z 线；在暗带中也有一条不明显、染色浅的线，称为 M 线。所有肌原纤维的明带和暗带相应地排列在同一平面上，使得肌纤维的纵切面呈现明、暗相间的横纹结构。

4）肌浆：存在于肌原纤维之间及核的两端，染色较浅。

5）肌膜：包围在肌原纤维外面的一层薄膜，染色较深。

6）结缔组织：在肌纤维之间夹杂着一些疏松结缔组织和血管等，切片中常常呈空泡状。

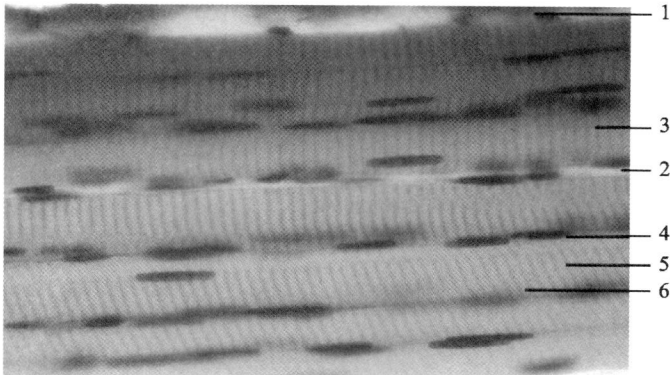

1.肌外膜；2.肌内膜；3.肌纤维；4.肌核；5.暗带；6.明带

图 4-4　骨骼肌纤维纵切面

（2）观察鱼类骨骼肌切片。

鱼类躯干、食道、鳃等部位的肌肉为骨骼肌，具有明显横纹，肌核在边缘（图4-5）。横切面上，骨骼肌纤维呈不规则的圆形或椭圆形，肌核扁平，位于肌纤维边缘（图4-6）。肌纤维呈点状分布。肌纤维之间有丰富的疏松结缔组织形成的肌内膜，可见血管分布。

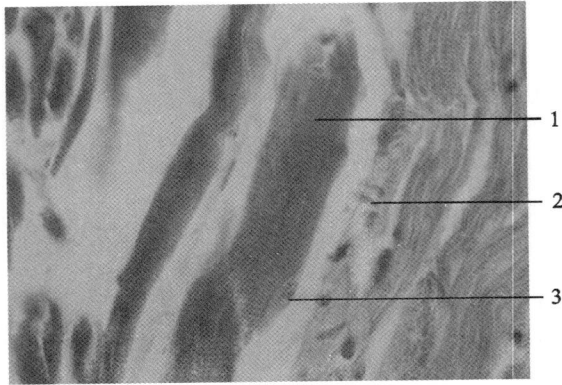

1. 肌纤维；2. 结缔组织；3. 肌核

图 4-5　鲫鱼鳃部骨骼肌纵切

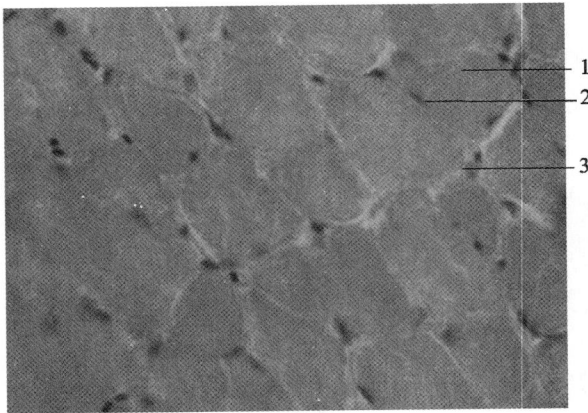

1. 肌纤维；2. 肌核；3. 肌内膜

图 4-6　鲤鱼体壁骨骼肌横切面

(3)观察中华绒螯蟹(*Eriocheir sinesis*)等甲壳类腿肌切片。

甲壳类肌肉均为横纹肌。肌纤维一般呈长筒形,经染色后,甚至在新鲜的材料中都可以看到肌纤维上有非常清晰的横纹结构,以及暗带中的 H 盘、M 线等。肌核分布在肌纤维的中央或边缘(图 4-7)。对虾类有发达的肌肉,形成强有力的肌纤维束,分布于头、胸、腹等部,以腹部的肌肉最发达。

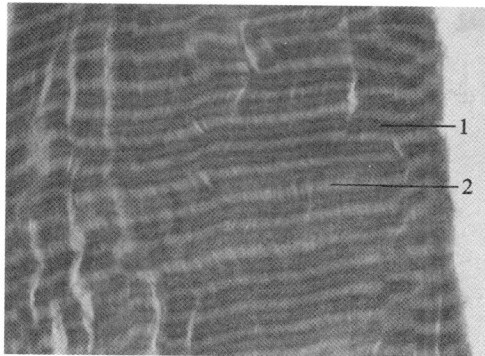

1.暗带；2.明带

图 4-7 中华绒螯蟹腿部横纹肌切片

（4）观察双壳贝类足、闭壳肌切片。

双壳贝类的闭壳肌及蛤、蚶类的足（图 4-8）等部位为横纹肌组织，扇贝闭壳肌纵切片中可观察到明显的横纹结构（图 4-9）。

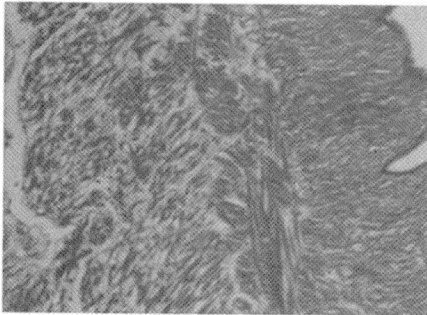

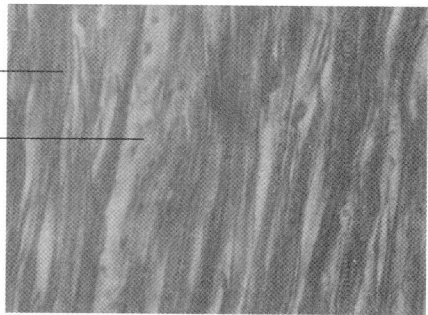

1.肌纤维；2.结缔组织

图 4-8 泥蚶足肌肉组织　　　　**图 4-9 扇贝闭壳肌横纹肌纤维**

3. 心肌

（1）观察人心肌切片。

1）肌核：呈椭圆形或长棒形，个体较大，位于肌纤维中央，染色深（图4-10）。

2）肌原纤维：心肌纤维间互相连接成网状，肌原纤维也沿着纤维的方向而延伸。心肌纤维具有明暗相间的横纹结构，但不及骨骼肌明显，不易看清。

3）肌浆：肌细胞的胞质，含量较多。

4）闰盘：为心肌纤维中特有的结构，横贯在心肌纤维中，染色较深，呈直线或阶梯状。

5)肌膜:肌细胞的细胞膜,极薄。

在心肌纤维间分布着十分丰富的肌间结缔组织。

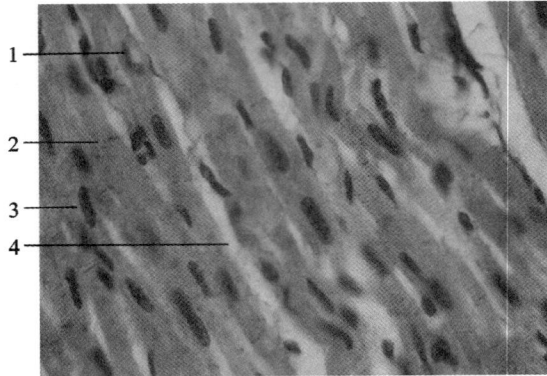

1.心肌纤维;2.闰盘;3.肌核;4.肌间结缔组织

图 4-10　人心肌结构

心肌横切面上,纤维呈圆形或不规则椭圆形,肌核位于中间部位,染色深。肌原纤维在肌浆内呈辐射状分布。肌间结缔组织十分发达(图 4-11)。

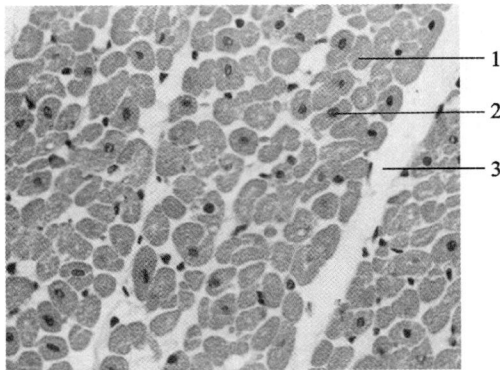

1.心肌纤维;2.肌核;3.肌间结缔组织

图 4-11　人心肌横切面

(2)观察鲤鱼心脏切片。

鲤鱼心脏切面为三角形,壁由纵横交错的肌纤维构成(图 4-12)。肌间结缔组织十分发达。纵切面上,心肌纤维排列犹如平滑肌组织,具有不明显横纹。肌核为长梭形,中间分布(图 4-13)。

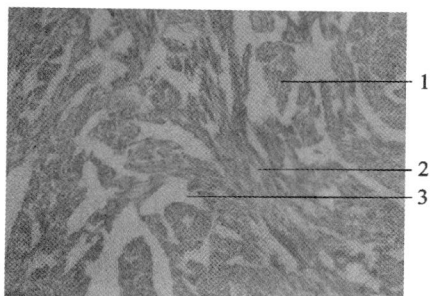

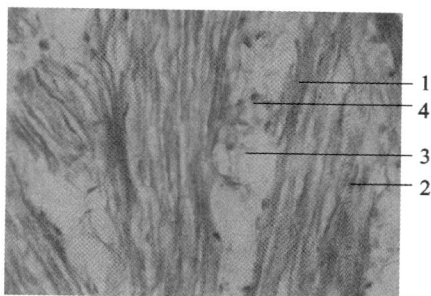

1.心肌纤维横切面;2.心肌纤维纵切面;
3.结缔组织

图 4-12　鲤鱼心肌组织

1.心肌纤维;2.肌核;3.结缔组织;4.血细胞

图 4-13　鲤鱼心肌纵切面

五、课堂完成以下绘图作业

(1)横纹肌的纵横切片图,尤其注意区分明带、暗带、Z 线等结构。

(2)分离的平滑肌细胞,注意细胞核的形态与比例。

(3)平滑肌组织,注意相邻细胞的连接方式以及纵横切面的表达方式。

(4)心肌结构,显示细胞核、闰盘及丰富的肌间结缔组织。

六、思考题

(1)贝类肌肉有几种类型? 主要分布在什么位置?

(2)心肌与骨骼肌的结构有什么异同点?

实验五　神经组织

一、实验目的

神经组织由神经元和神经胶质细胞构成。神经元是神经系统结构和功能的基本单位,具有接受刺激、传导冲动和整合信息的能力。神经胶质的细胞数量众多,对神经元起支持、保护、分隔等作用。本实验的目的是了解神经元、神经纤维、神经末梢及神经胶质细胞等基本成分的形态结构特点。

二、实验仪器与药品

光学显微镜、擦镜纸、二甲苯、香柏油。

三、实验材料

不同动物神经组织的制片。

四、实验内容

1. 脊髓的基本结构

观察兔、鲤鱼脊髓切片(银染)。

脊髓横切面为椭圆形。灰质位于中部,呈蝴蝶形,有 4 个突起,2 个较粗短称前角灰质,2 个较细长称后角灰质。白质位于灰质的外周围,为神经纤维集中处。脊髓中央两侧灰质连接处有一圆形小孔为中央管(图5-1)。

2. 神经元的形态与结构

观察兔、鲤鱼脊髓切片(银染,图5-2,图5-3)。

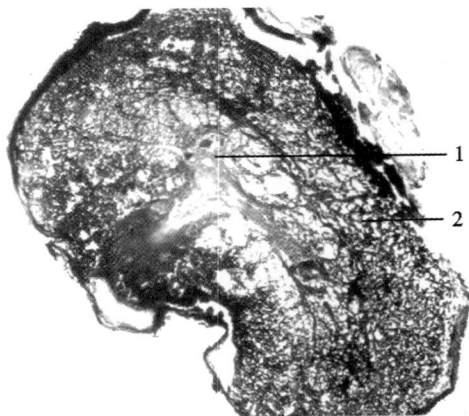

1. 灰质;2. 白质

图 5-1　鲤鱼脊髓横切面

(1)胞体:位于灰质内,胞体大,切面呈多角形,伸出数个突起;核位于细胞中央,大而圆,染色浅,呈空泡状,核仁明显;胞质着褐色。

(2)树突:树突数个,分支多。树突从胞体发出时粗大,逐渐变细。

（3）轴突：轴突只有一个,粗细均匀。轴突自胞体发出处的部位呈圆锥形,为轴丘。

（4）神经原纤维：神经原纤维位于神经元的胞体与胞突内,呈细丝状。在胞突内平行排列,在胞体内则交织成网状。

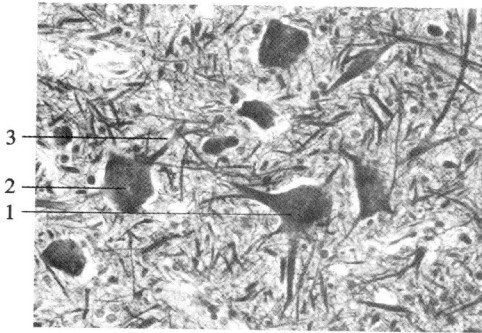

1.胞体;2.细胞核;3.胞突

图 5-2　兔脊髓神经元及神经原纤维

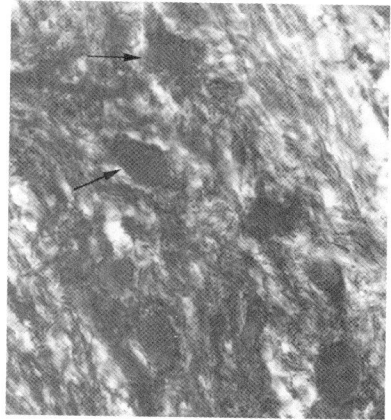

图 5-3　鲤鱼脊髓神经元(箭头示)

3.尼氏体

观察猫脊髓切片。

分布在脊髓前角运动神经元内的尼氏体,为强嗜碱性的颗粒状或块状物,染为深紫色。其排列形似老虎的斑纹,称为虎斑(图 5-4)。

4.神经纤维

（1）观察兔坐骨神经横切片。

坐骨神经由有髓鞘神经纤维与结缔组织组成。在神经的横切面上,结缔组织把神经纤维分割成大小不一的神经纤维束(图5-5)。神经纤维束内有许多圆形的神经纤维横切面,轴索位于其中。

（2）观察兔坐骨神经纵切片。

在神经纤维的纵切面上,可观察到轴索、郎飞氏节、髓鞘等结构(图 5-6)。

1)郎飞氏结：为与神经纤维纵行方向垂直的结节状结构,实际上为两个相邻的神经膜细胞不完全连接的区域,此处无髓鞘,只有轴突。

2)轴索：贯穿于神经纤维的中间,为神经元轴突部分,呈细线状,染为紫红色。

3)髓鞘：包围在轴突周围的板层结构。HE 染色的切片上,髓鞘的类脂质被溶解,仅残留蛋白质成分,呈稀疏的网状结构。

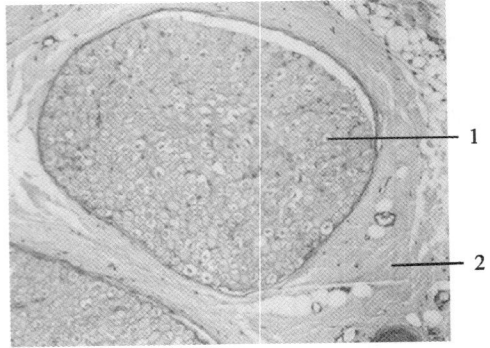

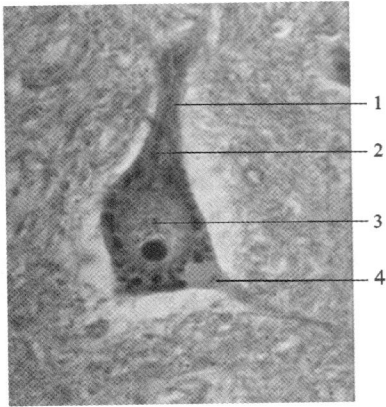

1.树突;2.尼氏体;3.细胞核;4.轴突

图 5-4　猫脊髓运动神经元尼氏体

1.神经纤维束;2.结缔组织

图 5-5　兔坐骨神经横切面

4)神经膜:位于髓鞘外面的薄膜状结构。有些部位可观察到神经膜细胞(施万细胞)的胞核。

神经纤维之间有少量结缔组织,为神经内膜,内含成纤维细胞,其核小且染色较深,可与神经膜细胞相区别。

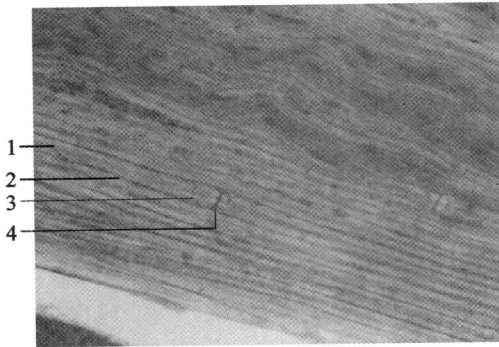

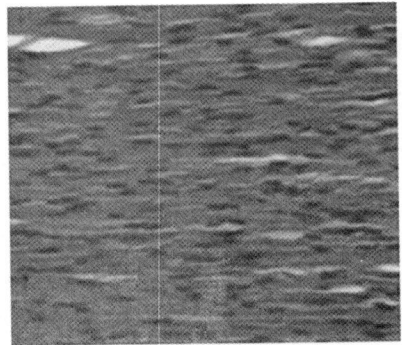

1.神经纤维;2.神经膜;3.髓鞘;4.郎飞氏节

图 5-6　兔坐骨神经纤维纵切面

图 5-7　无髓鞘神经纤维纵切面

(3)观察脊椎动物无髓鞘神经切片。

无髓鞘神经纤维较细,着紫红色。神经膜细胞核紧贴轴突,呈椭圆形,染色较浅。无髓神经纤维的纵切面与致密结缔组织相似,前者着色深,常呈波浪状(图 5-7)。

(4)观察鳙鱼(*Aristichthys nobilis*)侧线神经纵、横切片。

鱼类侧线神经由有髓鞘神经纤维与结缔组织构成(图 5-8)。

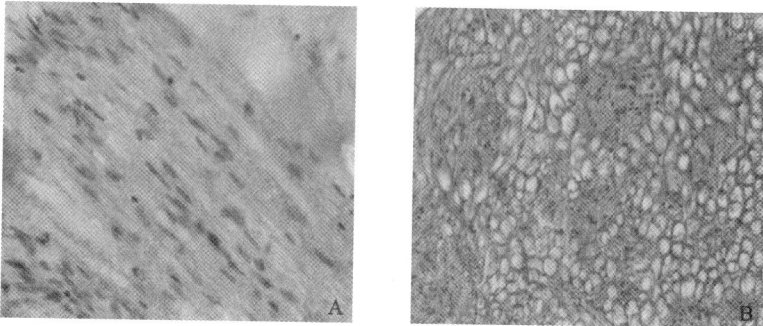

A. 纵切　　　　　　　　　　　　B. 横切

图 5-8　鳙鱼侧线神经纵、横切面

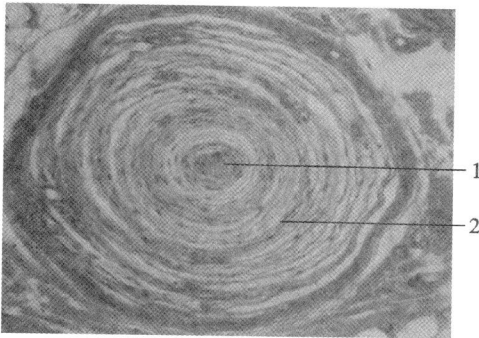

1. 轴索；2. 结缔组织被囊
图 5-9　人手指皮肤环层小体(横切)

5. 神经末梢

(1)观察人手指皮肤环层小体切片。

在人手指皮肤的皮下结缔组织中,分布有较丰富的环层小体。切面上呈圆形或椭圆形,中间为轴索,外被由若干层结缔组织形成的被囊(图 5-9)。

(2)观察猫肠系膜环层小体整封片。

环层小体呈椭球形,由若干结缔组织板层包裹形成。在小体中央的中轴里包埋着细线状的神经轴索(图 5-10)。

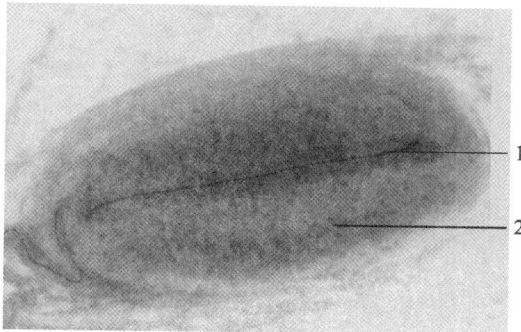

1. 轴索；2. 结缔组织被囊
图 5-10　猫肠系膜环层小体

（3）观察运动神经末梢分离装片。

运动神经末梢又称为运动终板,是分布在骨骼肌纤维中的神经末梢装置。运动神经元的神经纤维成垂直的方向或斜向穿入肌纤维,到达肌纤维时失去髓鞘并反复分支,每个分支的末端特化成纽扣状或网丝状结构。附着于骨骼肌纤维的表面(图 5-11)。

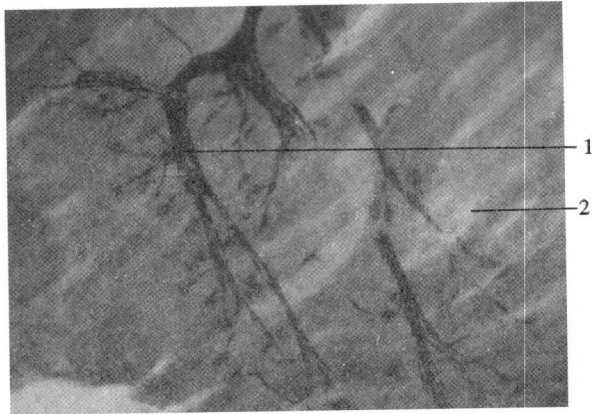

1.神经纤维轴突终末;2.骨骼肌纤维

图 5-11　运动终板

6. 神经节

（1）观察兔脊神经节切片（银染）。

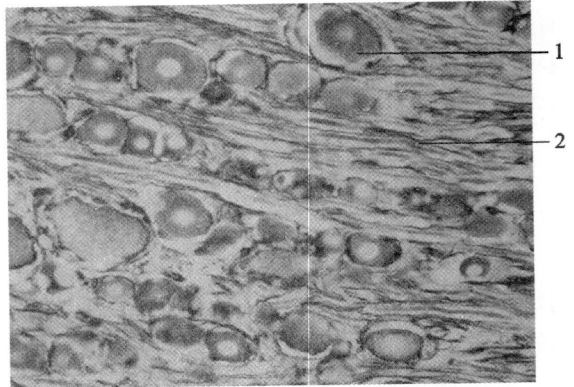

脊神经节内含假单极神经元。肉眼观察,脊神经节纵切面略呈椭圆形,染成棕黄色。脊神经节主要由深色的神经纤维束和纤维束之间呈淡黄色的脊神经节细胞构成。脊神经节细胞成群分布,切面呈圆形或椭圆形,胞体大小不等。细胞核呈圆形,不易着色。核周围

1.神经细胞;2.神经纤维束

图 5-12　兔脊神经节纵切面

的胞质中散布棕黑色的网状物即高尔基复合体(图5-12)。

（2）观察栉孔扇贝的外套神经节切片。

在外套膜边缘膜部位,有较大的神经节分布(图 5-13)。神经节呈圆形、椭

圆形及不规则囊形。神经细胞为多极神经元,个体较大,分布在节体的周缘部位。神经节中间均质,仅有少量神经细胞分布。

在外套膜感觉触手内,也有非常丰富的小神经节,形态多呈长棒形,长轴与外套触手走向一致(图 5-14,A)。神经元分布在周缘,个体较小,形态狭长。细胞向上皮方向伸出许多纤细的丝状突起(图 5-14,B),缠绕在感觉上皮的周围。

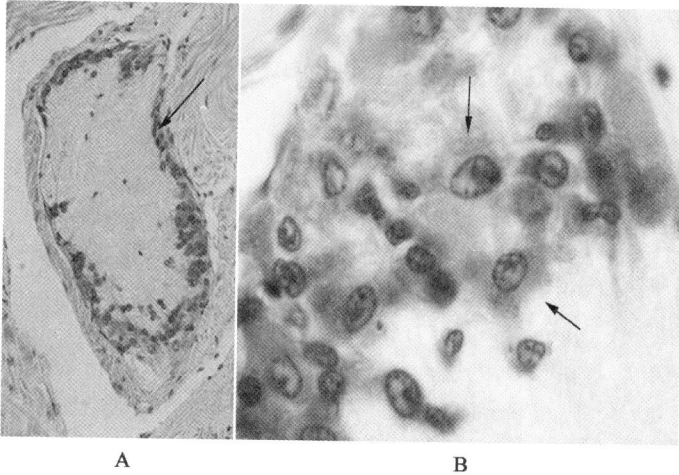

A. 神经节(箭头示) B. 神经元(箭头示)

图 5-13 栉孔扇贝外套膜神经节及神经元

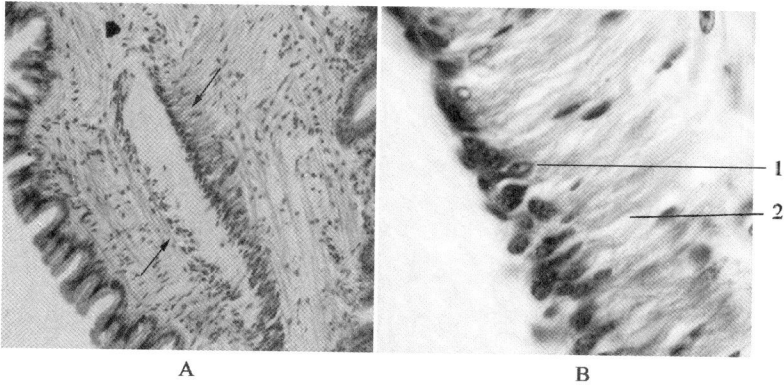

1. 胞体;2 胞突

A. 神经节基本形态(箭头示) B. 神经元及伸出的突起

图 5-14 栉孔扇贝外套触手神经节

(3)栉孔扇贝内脏团神经节切片:内脏团神经节的结构与外套膜神经节相似。神经元数量较多,胞核圆形,核仁明显(图 5-15)。

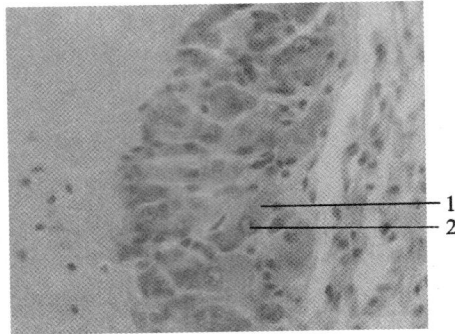

1. 神经元细胞；2. 细胞核

图 5-15　栉孔扇贝内脏团神经节

7. 神经胶质细胞

神经胶质细胞广泛分布于中枢神经系统和周围神经系统中，是一类有突起，但不能传导神经冲动的细胞。

（1）星形胶质细胞：观察星形胶质细胞切片。

星形胶质细胞是中枢神经胶质细胞体积最大的一种。胞体呈星形，由胞体上伸出许多放射状突起(图5-16)。

（2）被囊细胞：观察脊椎动物的脊神经节切片。

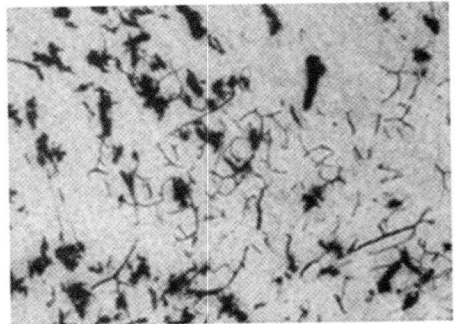

图 5-16　星形胶质细胞

被囊细胞又称卫星细胞，是神经节内神经元胞体周围的一层扁平细胞(图 5-17)。切面观核圆形或椭圆形，着色深。卫星细胞具有营养和保护神经节细胞的功能。

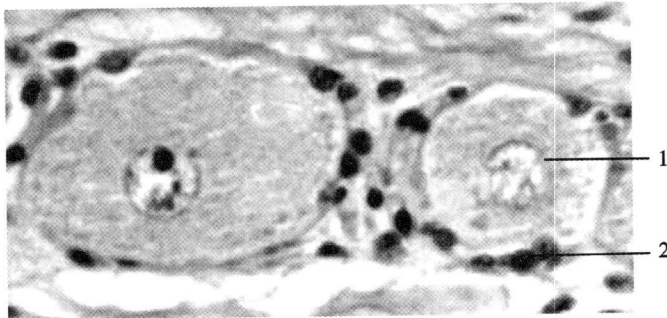

1. 神经元　2. 卫星细胞

图 5-17　脊神经节卫星细胞

（3）室管膜细胞：观察蓝点马鲛鱼（*Scomberomorus niphonius*）小脑切片。

在小脑室管膜内壁，可观察到柱状室管膜细胞。核圆形，核仁明显（图5-18）。

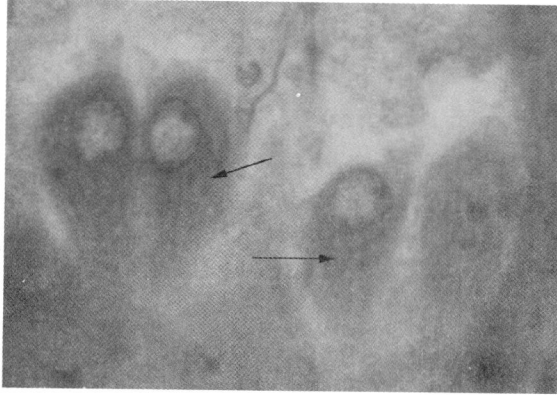

图 5-18　蓝点马鲛鱼小脑室管膜细胞（箭头示）

（4）兔脊髓中的神经胶质细胞：HE染色的切片中只能观察到神经胶质细胞的细胞核，呈圆形，个体较小（图 5-19）。

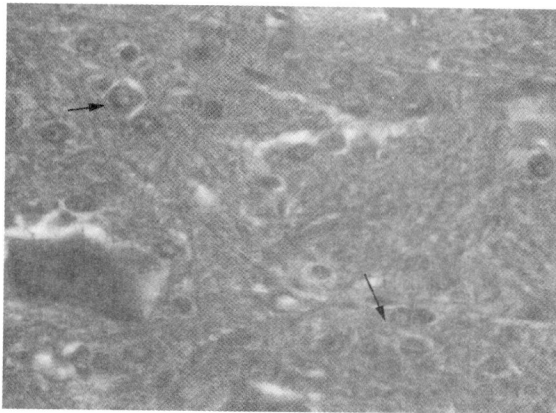

图 5-19　兔脊髓中的神经胶质细胞（箭头示）

五、课堂完成下列绘图作业

（1）脊髓前角的运动神经元，显示胞体、胞突、细胞核及神经原纤维。

（2）脊髓前角的运动神经元，显示尼氏体。

(3)兔坐骨神经纵切面,作1～2条神经纤维,显示朗飞氏节、轴索、髓鞘、神经膜等结构。

(4)兔坐骨神经横切面,显示神经的基本组成。

(5)环层小体形态结构。

(6)运动神经末梢形态结构。

六、思考题

(1)硬骨鱼类脊髓神经元形态结构是否和高等动物的一样?

(2)为什么有髓鞘神经纤维的神经冲动传导要比无髓鞘神经纤维快?

实验六 消化道的组织结构

一、实验目的

消化道由几种组织共同构成,具有一定的层次和结构特点。通过观察消化道组织结构,可以更好地了解四大基本组织之间的结构与功能联系,同时了解不同动物消化道组织的结构特点。

二、实验仪器与药品

光学显微镜、擦镜纸、二甲苯、香柏油。

三、实验材料

哺乳动物、鱼类、对虾、贝类等动物消化道组织切片。

四、实验内容

1.哺乳动物消化道的组织结构

(1)观察哺乳动物食道切片。

食道是连接口腔与胃的通道,主要掌管输送作用。食管腔面有纵行皱襞,食物通过时皱襞消失(图 6-1)。

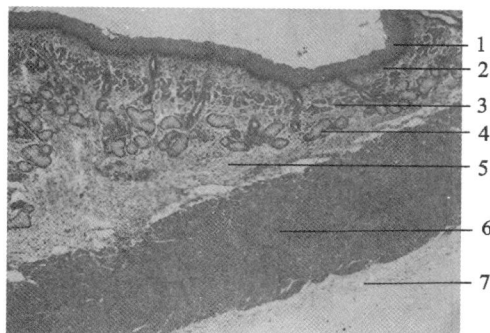

1.上皮层;2.固有膜;3.黏膜肌层;4.食道腺;5.黏膜下层;6.肌肉层;7.纤维膜

图 6-1 哺乳动物食道横切面

1)黏膜:上皮层为未角质化的复层扁平上皮,固有膜为致密的结缔组织,并形成乳头突向上皮。黏膜肌层由纵行的平滑肌组成。

2)黏膜下层:为疏松结缔组织,内含食道腺。食道腺周围常有较密集的淋巴细胞或淋巴小结。

3)肌肉层:分内环肌与外纵肌两层。食道上 1/3 段为骨骼肌,下 1/3 段为平滑肌,中 1/3 段为二者兼顾。食道两端的内环肌稍增厚,分别形成上、下括约肌。

4)外膜:为纤维膜,由薄层结缔组织构成。

(2)观察哺乳动物胃切片。

胃是食物暂时储存和初步消化的场所,其组织结构分为以下部分。

1)黏膜:为单层柱状上皮,在贲门部与食道的复层扁平上皮骤然相接,分界明显。细胞顶端充满黏原颗粒,HE 染色的切片上染色浅以至于透明。上皮向黏膜深部的固有膜下陷形成大量分泌腺体,根据其所在部位与结构的不同,分为胃底腺、贲门腺和幽门腺。胃腺之间有少量的结缔组织,纤维成分以网状纤维为主,并含有丰富的毛细血管及散在的平滑肌细胞。黏膜肌层由内环肌与外纵肌两层平滑肌组成(图 6-2)。

2)黏膜下层:为疏松结缔组织,内含较粗的血管、淋巴管和神经,也可见成群的脂肪细胞。

3)肌肉层:较厚,一般由内环肌及外纵肌两层平滑肌构成。内环肌在贲门和幽门部增厚,分别形成贲门括约肌和幽门括约肌。

4)外膜:为浆膜,由结缔组织和一层间皮构成。

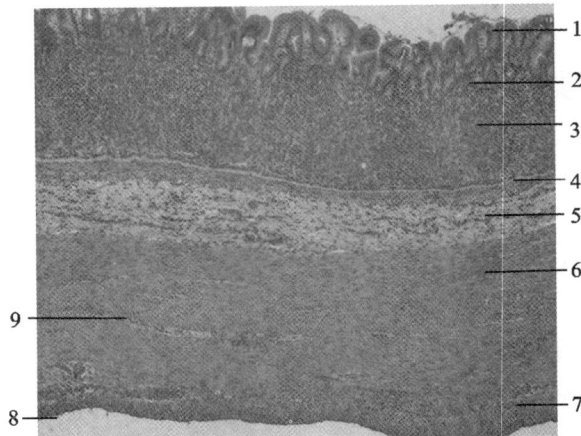

1.上皮层;2.固有膜;3.胃腺;4.黏膜;5.黏膜下层;6.内环肌;7.外纵肌;8.浆膜;9.肌间结缔组织

图 6-2　哺乳动物胃横切面

（3）观察哺乳动物的小肠切片。

1）黏膜：小肠黏膜具有许多环状皱襞和绒毛。绒毛呈指状或叶状，是小肠特有的结构和吸收功能单位。绒毛上皮由吸收细胞、杯状细胞和少量内分泌细胞组成。中轴的固有膜中还含有1～2条纵行的毛细淋巴管，称为中央乳糜管。固有膜中除分布有大量的小肠腺外，还含有丰富的游走细胞，如淋巴细胞等，也有淋巴小结（图6-3，图6-4）。

2）黏膜下层：为疏松结缔组织，含有较多的血管和淋巴管。十二指肠的黏膜下层中含有十二指肠腺，为复管泡状黏液腺，其导管穿过黏膜肌开口于小肠腺底部。

3）肌肉层：由内环肌与外纵肌两层平滑肌组成。

4）外膜：除十二指肠后壁为纤维膜之外，小肠其余部分均为浆膜。

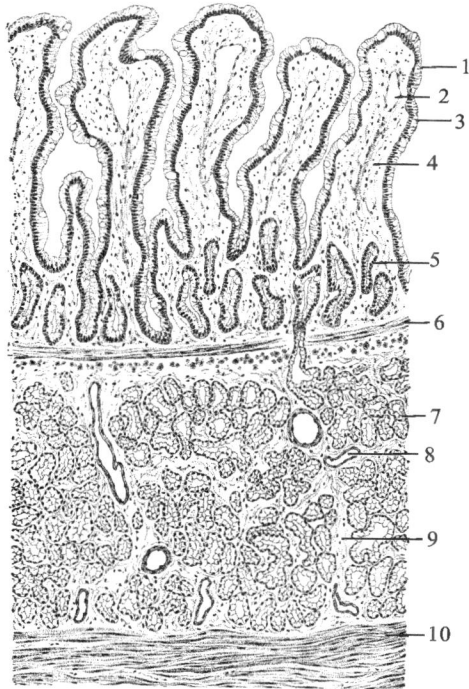

1.杯状细胞；2.乳糜管；3.上皮；4.固有膜；5.导管；6.黏膜肌；7.十二指肠腺；8.血管；9.黏膜下层；10.肌肉层

图6-3　十二指肠纵切模式图（引自王有琪，1965）

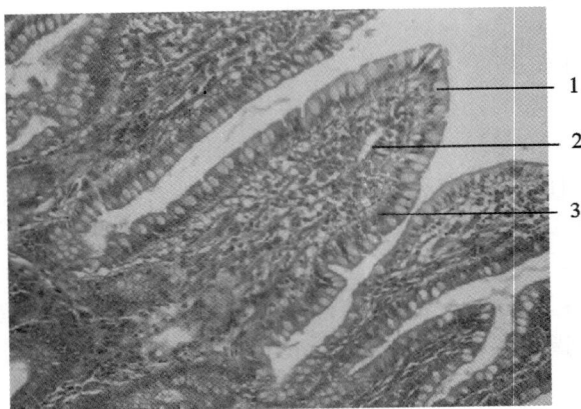

1. 杯状黏液细胞；2. 固有膜；3. 柱状吸收细胞

图 6-4　猫小肠绒毛结构

2. 鱼类消化道组织结构

（1）观察鲫鱼食道切片。

1）黏膜：食道黏膜向腔面褶成皱襞（图 6-5）。黏膜表面覆有复层扁平上皮，在上皮细胞之间有黏液细胞。不同鱼类黏液细胞的形态有差异（图 6-6）。鲫鱼食道上皮层几乎布满柱状的黏液细胞。在接近肠球处，黏液细胞逐渐稀少，一般只分布于褶皱的侧面和凹部。在食道和肠球的接续处，复层上皮突然转变为单层柱状上皮，没有或极少黏液细胞分布。

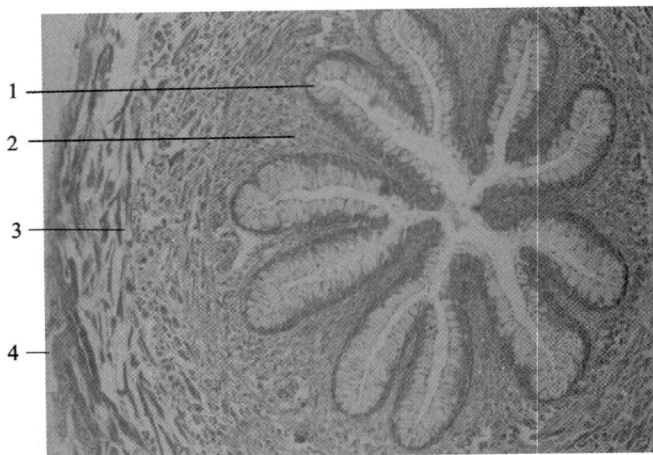

1. 上皮层；2. 固有膜与结缔组织；3. 肌肉层；4. 浆膜

图 6-5　鲫鱼食道横切面

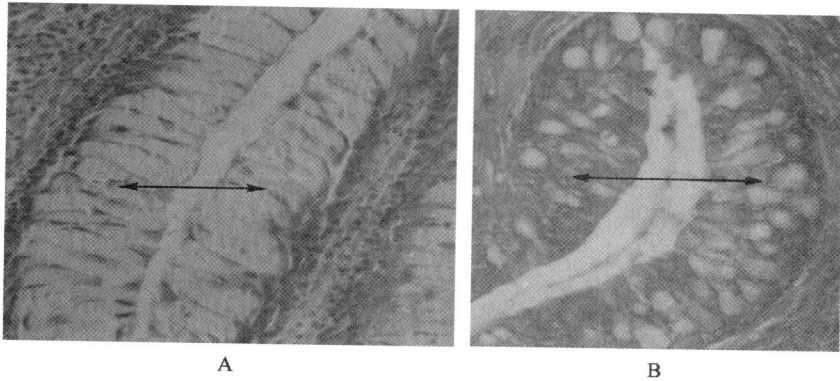

A. 鲫鱼　B. 乌鳢

图 6-6　鱼类食道上皮黏液细胞(箭头示)

上皮的深部是固有膜,由致密结缔组织构成,纤维纤细而紧密。有的鱼类如虹鳟在固有膜中含有腺体。很多真骨鱼类缺乏黏膜肌,因此固有膜和黏膜下层的分界很不明显。

2)黏膜下层:黏膜下层由疏松结缔组织构成,其中含有成纤维细胞、游走细胞,有些鱼类含有颗粒细胞。由于此层与固有膜没有明显的界线,有时很难区分。

3)肌肉层:鱼类食道的肌肉层较为发达,由横纹肌构成,分为内环肌与外纵肌两层。内环肌很厚,外纵肌较薄,两层肌肉之间有神经丛。食道肌的蠕动可将食物送到胃。

4)外膜:为浆膜,由薄层的结缔组织及其外面覆盖的间皮构成。间皮在切片中往往易被损坏。

(2)观察鲫鱼肠球切片。

鲤科鱼类无胃,在相当于胃的位置由肠膨大而形成肠球,所以肠球的组织结构与肠基本一致,主要不同为黏膜褶皱较高,肌肉层也比较厚(图6-7)。

1)黏膜:上皮层为整齐的单层柱状上皮,具有纹状缘,几乎没有黏液细胞,但可见到游走细胞。固有膜较薄,与黏膜下层界限不清。缺乏黏膜肌层。

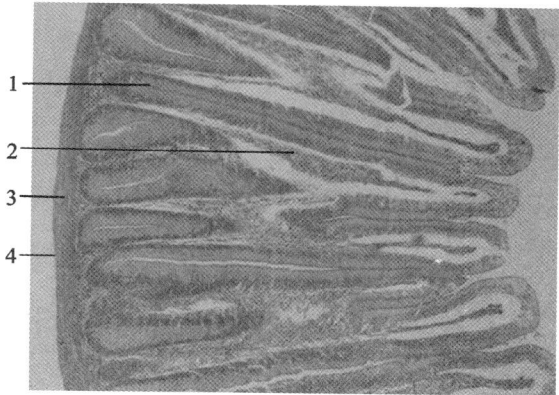

1.上皮层;2.固有膜与结缔组织;3.肌肉层;4.浆膜

图 6-7　鲫鱼肠球组织结构

2)黏膜下:为黏膜下结缔组织层。该层内含有很发达的淋巴样组织。

3)肌肉层:较薄,一般分为两层,内层为环肌,外层是纵走的肌纤维,肌间组织较发达。

4)外膜:为浆膜。

有些鱼类有胃,如银鱼科、烟管鱼科等,胃壁的组织结构如下:

1)黏膜:胃黏膜上皮层由单层柱状细胞组成,无杯状黏液细胞分布。固有膜由致密的结缔组织构成,其中含有少量的网状纤维。固有膜中有胃腺。黏膜肌由平滑肌构成,肌纤维数量较少,分为环肌与纵肌。

有些鱼类如虹鳟等在固有膜的结缔组织和黏膜肌之间,有一层由胶原纤维束紧密排列而成的结实层。

2)黏膜下层:为疏松结缔组织。在某些缺乏黏膜肌的鱼类胃中,固有膜的结缔组织与黏膜下层的结缔组织连续,没有明显的界线。

3)肌肉层:鱼胃肌肉层发达,由平滑肌构成,分为内环肌和外纵肌两层。内环肌层较厚,外纵肌层较薄,两层之间往往有神经分布。

4)外膜:为浆膜,很薄。

(3)观察鲫鱼肠切片(图 6-8)。

1)黏膜:肠黏膜表面覆盖着单层柱状上皮,包含有吸收细胞和杯状黏液分泌细胞。吸收细胞呈高柱状,细胞核靠近基底部,游离面具有明显的纹状缘。杯状细胞散布在吸收细胞之间,能够分泌黏液来润滑上皮表面和清除废物。在柱状上皮细胞之间还有游走细胞。上皮下为固有膜,由致密结缔组织构成,血管、神经丰富。由于缺乏黏膜肌,该层与黏膜下层界限不清。

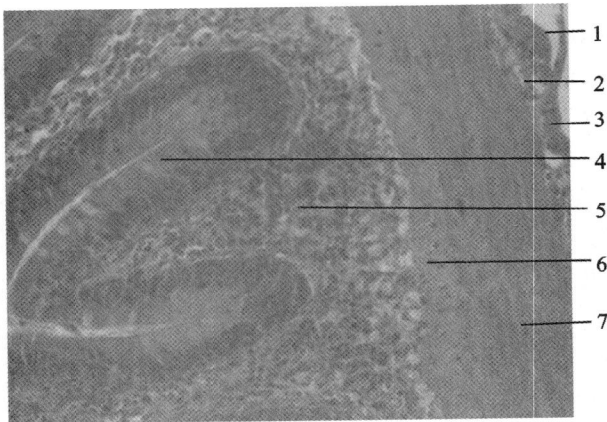

1.浆膜;2.肌间组织;3.纵肌;4.上皮层;5.固有膜与黏膜下层;6.结实层;7.环肌层

图 6-8　鲫鱼肠横切面

2）黏膜下层：由疏松结缔组织构成，其中含有大的血管和淋巴管，有时可以看到神经丛。在该层与环肌层之间有一层由粗大的胶原纤维形成的结实层。

3）肌肉层：由内环肌和外纵肌组成，内环肌较厚，外纵肌较薄。

4）浆膜：由一层薄的结缔组织及其外周的间皮构成。

3. 对虾消化道的组织结构

（1）观察凡纳滨对虾食道切片。

食道壁由内向外分为上皮层、结缔组织层和肌肉层。食道上皮内褶形成 4 个明显隆嵴，使食道腔呈"X"形，上皮表面有薄层几丁质覆盖，上皮由单层柱状细胞组成。上皮之下为疏松结缔组织，内含较多黏液腺。肌肉层发达，属于横纹肌，包括环肌、纵肌和放射肌 3 种。环肌连续分布，纵肌成束分散排列于环肌外侧，放射肌穿过环、纵肌层伸至上皮和几丁质的连接处（图 6-9）。

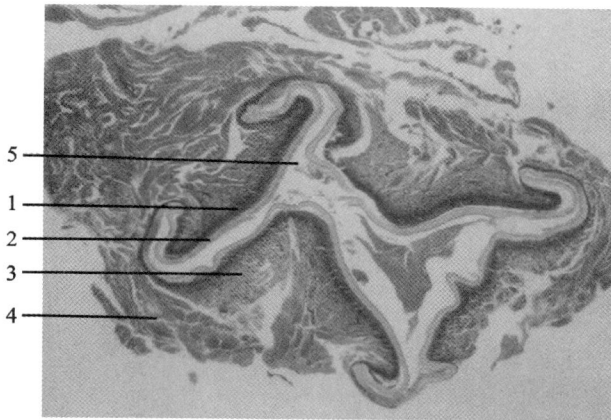

1. 上皮层；2. 几丁质；3. 结缔组织；4. 肌肉层；5. 食道腔

图 6-9　凡纳滨对虾食道横切面

（2）观察凡纳滨对虾贲门胃切片。

胃壁上皮内褶成 5～7 个明显嵴突，一个腹突宽大而圆钝，侧突各 2～3 个对称排列。胃壁上皮由单层柱状细胞组成，上皮下结缔组织呈空泡状，无黏液腺。肌肉层由环肌、纵肌组成，分布不均匀。几丁质发达，加厚特化成板状，其中腹板上有成列的齿，中央为一个大的中齿，两侧为小的附属中齿。侧板上具对称排列的侧齿，并具少量几丁质刚毛。这些齿、刚毛和嵴突共同构成胃磨结构（图6-10）。

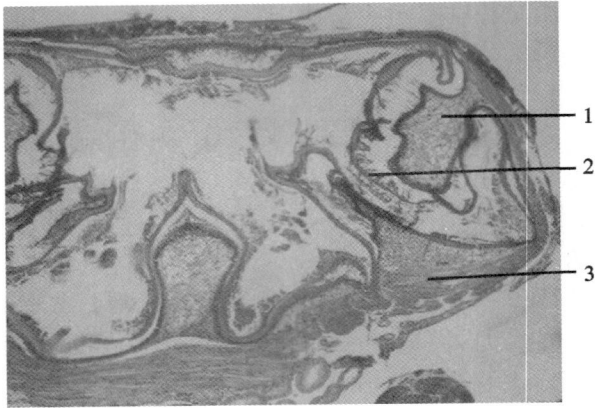

1.结缔组织；2.几丁质；3.肌肉

图 6-10　凡纳滨对虾贲门胃横切面

（3）观察凡纳滨对虾幽门胃切片。

幽门胃腹突变尖变细，呈倒 V 形，将胃腔分为 2 个半球形的侧壶腹囊，腹突则称为间壶腹嵴，其向腔面的几丁质层特化成排列整齐的粗大刚毛。幽门胃的侧突形成上壶腹嵴，嵴上几丁质特化成密集的细长刚毛。在两个侧壶腹囊内，间壶腹嵴和上壶腹嵴之间的通道称为过滤器，通道内壁上遍布长刚毛（图 6-11、图 6-12）。

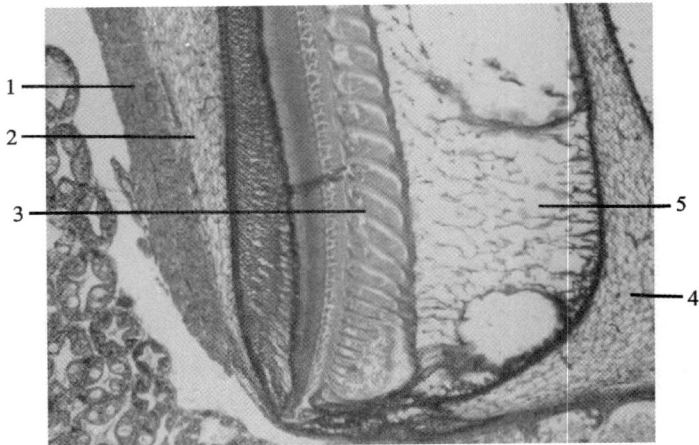

1.肌肉层；2.结缔组织；3.过滤器；4.腹突；5.上皮与过滤器之间裂隙

图 6-11　凡纳滨对虾幽门胃底端结构（部分）

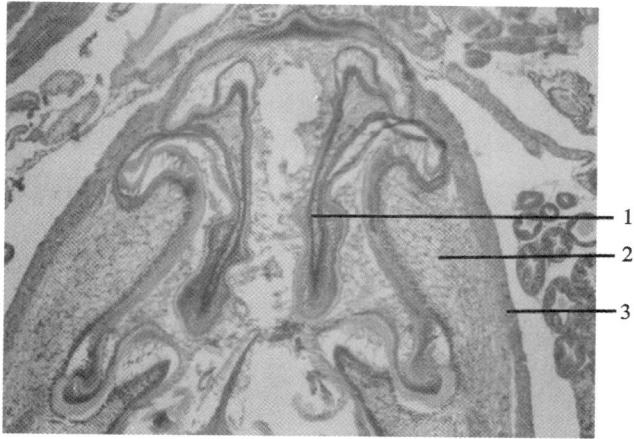

1.上壶腹;2.结缔组织;3.肌肉

图 6-12 凡纳滨对虾幽门胃上端结构

(4)观察凡纳滨对虾中肠切片。

中肠管壁组织结构由内向外依次分为上皮层、结缔组织、肌肉层和外膜,腔面没有几丁质衬里。上皮层由排列紧密的单层矮柱状细胞组成,细胞游离面具浓密微绒毛形成的纹状缘。薄层疏松结缔组织位于基膜外则。肌肉层主要由环肌组成。结缔组织和肌肉中含有丰富的血窦及血细胞,外膜界线清晰(图 6-13)。

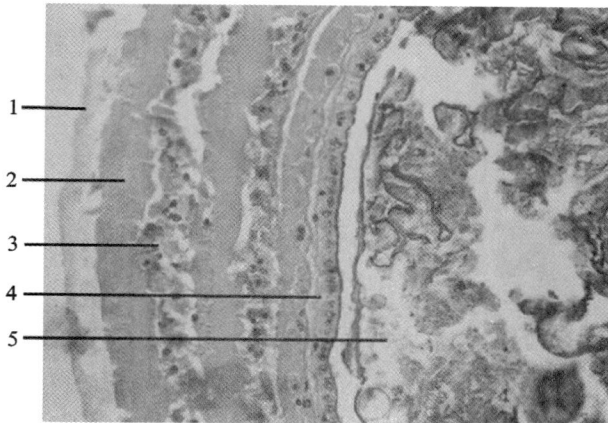

1.外膜;2.肌肉层;3.结缔组织与血窦;4.上皮层;5.肠腔

图 6-13 凡纳滨对虾中肠结构

(5)观察凡纳滨对虾后肠切片。

后肠前粗后细,肠壁向腔内折叠形成许多大小不一的纵嵴,腔面有几丁质衬里。上皮层由单层柱状细胞组成,疏松结缔组织中分布有黏液腺,肌肉层包括环肌和纵肌,外膜明显(图6-14)。由前向后,纵嵴由大小不一到逐渐均匀,几丁质层由薄变厚,上皮细胞由矮柱状过渡为柱状,黏液腺由少变多,肌层逐渐发达,环肌包围在结缔组织层外,纵肌成束分布在后段的纵嵴内。

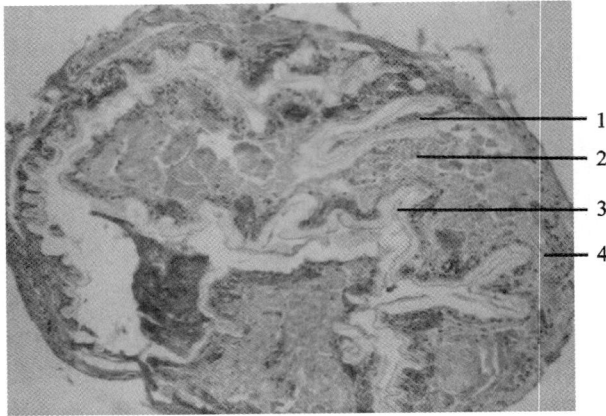

1.上皮层;2.肌肉层;3.几丁质;4.结缔组织

图6-14 凡纳滨对虾后肠横切面

4.双壳贝类消化道组织结构

(1)观察栉孔扇贝食道切片。

食道内壁呈褶皱状,上皮层由纤毛柱状上皮细胞和杯状黏液细胞组成,基膜很薄。环肌连续,放射肌成束分布。皮下结缔组织中富含血窦(图6-15)。

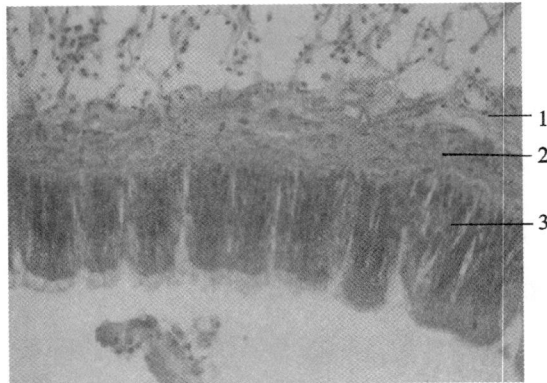

1.结缔组织;2.环肌层;3.上皮层

图6-15 栉孔扇贝食道切面

（2）观察栉孔扇贝胃切片。

胃呈不规则的袋状,胃底部分胃壁具有褶皱(图 6-16)。黏膜上皮为典型纤毛柱状上皮,之间夹杂着少量的杯状细胞。基膜下环肌近于连续,纵肌散布于环肌之外,结缔组织分布于肌肉内外。

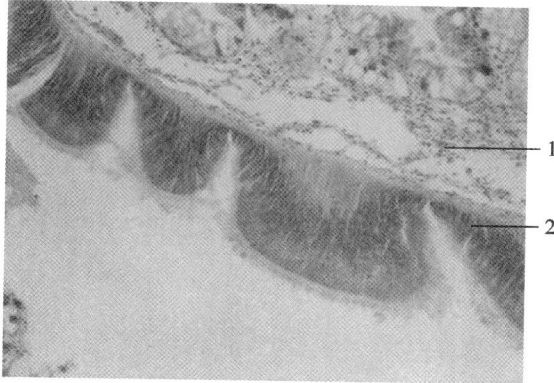

1.结缔组织;2.上皮层

图 6-16　栉孔扇贝胃壁褶皱面

胃左后方有一胃楯,是由上皮细胞分泌的几丁质结构,可作为晶杆的支座,通过晶杆的旋转可对胃内食物进行研磨(图 6-17)。胃楯下方的上皮细胞呈高柱状,嗜碱性,游离端有微绒毛。

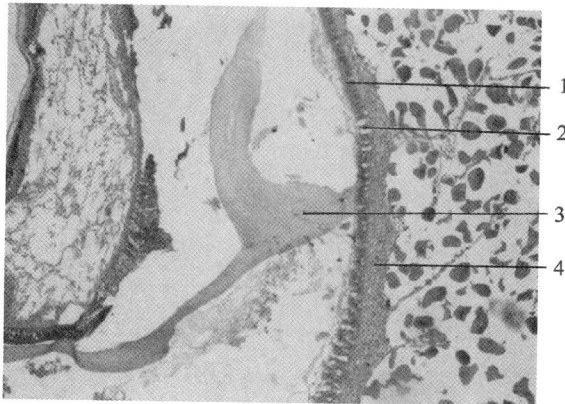

1.胃上皮;2.黏液细胞;3.胃楯;4.结缔组织

图 6-17　栉孔扇贝胃及胃楯切面

（3）观察栉孔扇贝肠切片。

栉孔扇贝肠可以分为下行肠和上行肠。下行肠由晶杆囊和中肠组成。

晶杆囊腔较大,内具晶杆(图 6-18),与中肠相连处腔较狭窄,晶杆囊由规则排列的纤毛柱状上皮组成,内夹杂着杯状细胞。晶杆囊由规则排列的纤毛柱状上皮组成,内夹杂着少量杯状细胞。肌层薄,结缔组织丰富。在胃与下行肠交界处杯状细胞尤其多。

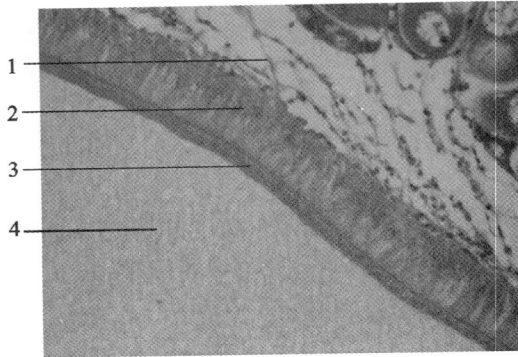

1.结缔组织;2.上皮细胞核;3.纤毛;4.晶杆

图 6-18　栉孔扇贝的晶杆囊与晶杆

中肠上皮细胞较晶杆囊上皮细胞短,纤毛稀疏,连接两者之间的狭缝处上皮细胞则较高(图 6-19)。

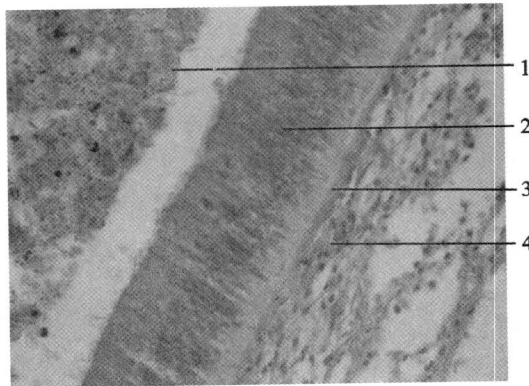

1.食物残渣;2.细胞核;3.肌层;4.结缔组织

图 6-19　栉孔扇贝中肠切面

上行肠的肠腔内有 3 个大的嵴和沟,嵴上皮细胞长,沟上皮细胞短,基膜较薄。环肌连续,较厚(图 6-20)。

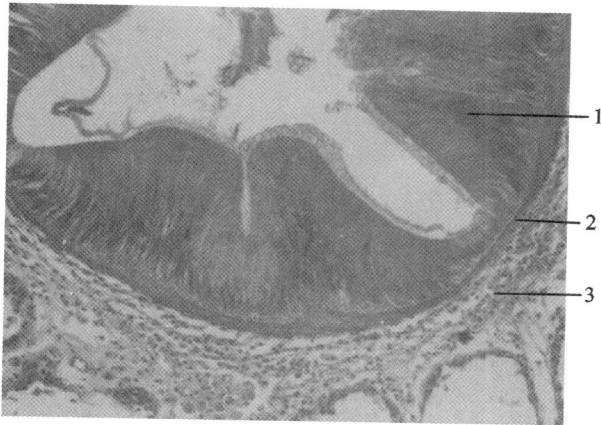

1.纤毛柱状上皮；2.肌层；3.结缔组织

图 6-20 栉孔扇贝上行肠横切面

（4）观察栉孔扇贝直肠切片。

直肠腔面的形状不规则，具有许多嵴状突起。纤毛柱状上皮间有杯状黏液细胞。肛门处杯状细胞较多，有利于粪便的排出（图 6-21）。

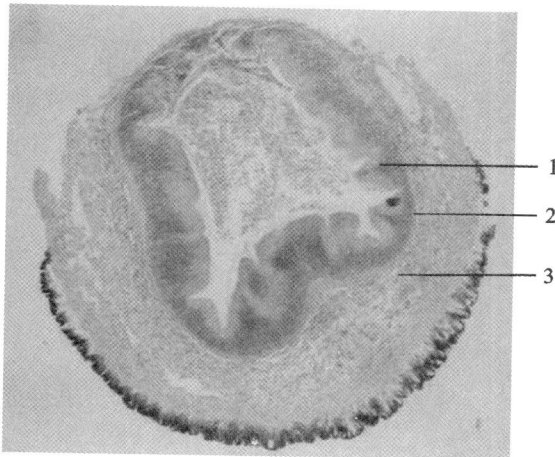

1.纤毛柱状上皮；2.肌层；3.结缔组织

图 6-21 栉孔扇贝直肠横切面

5.主要消化腺的组织结构

（1）观察人肝切片。

肝的表面覆以致密的结缔组织被膜，并富含弹性纤维。被膜的疏松结缔组织深入肝的实质，将整个肝脏分隔成数十万到数百万个结构基本相同的肝小叶。

肝小叶是肝的基本结构和功能单位,呈多角棱柱体,长约2 mm,宽约1 mm。小叶之间以少量的结缔组织分隔。肝小叶中央有一条纵向行走的中央静脉,周围是肝细胞和肝血窦(图6-22)。细胞以中央静脉为中心,单行,大致呈放射状排列成板状,成为肝板。

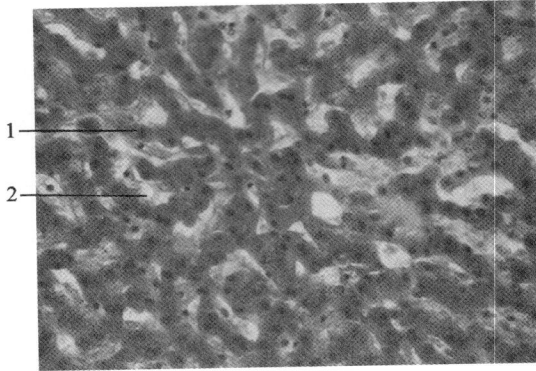

1.肝板;2.肝血窦

图 6-22　人肝组织切面

(2)观察硬骨鱼类肝切片。

鱼类肝脏属于实质性器官,伸入肝实质的结缔组织较少,因此不像高等脊椎动物那样分区明显。鱼类肝小叶中央静脉的分布不整齐,肝细胞往往不规整地排列在中央静脉周围。肝板由一层细胞构成,围绕中央静脉向四周做辐射状排列(图6-23)。

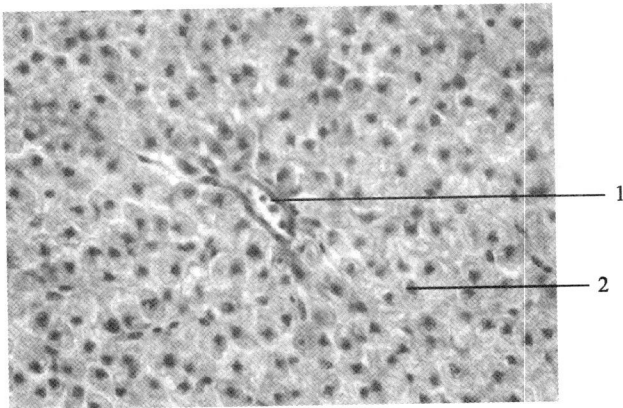

1.中央静脉;2.肝板

图 6-22　草鱼肝脏组织横切

（3）观察凡纳滨对虾肝胰腺切片。

消化腺为一大型致密腺体，包被在中肠前端及幽门胃外，称为消化腺、中肠腺或肝胰腺。该腺由许多分支的肝小管组成。肝小管上皮为单层柱状上皮（图6-23）。根据细胞形态结构的不同，可将其分为4种类型：吸收细胞、分泌细胞、纤维细胞和胚细胞。

1）吸收细胞（R细胞）：肝胰腺中数量最多的细胞，高柱状，核圆形，胞质中含有多个小囊泡。

2）分泌细胞（B细胞）：细胞体积最大，形状不规则，胞质中含有一个大泡，占细胞体积的 $80\% \sim 90\%$，大泡内含有少量絮状物质。细胞核因大泡的挤压成新月状，细胞质只余一薄层，成环状围绕在大泡周围。

3）纤维细胞（F细胞）：散布在R细胞和B细胞之间，具强嗜碱性，HE染色时，整个细胞被染成深蓝色。细胞呈柱形，核圆形，位于细胞中下方。细胞质中含许多酶原颗粒。

4）胚细胞（E细胞）：只分布在肝小管的盲端，细胞体积小，近方形，排列紧密，染色较深，核大而圆，占据细胞质大部分区域。

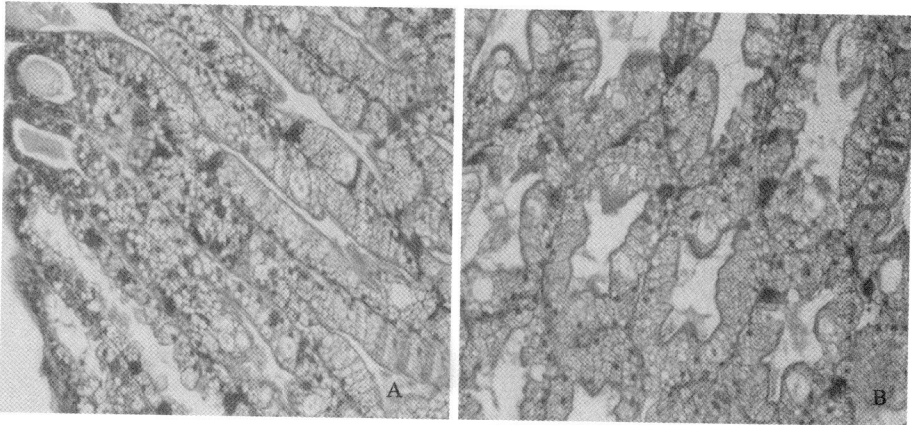

A. 肝小管纵切　B. 肝小管横切

图6-23　凡纳滨对虾肝胰腺切面

（4）文蛤、扇贝消化腺切片。

双壳贝类的消化腺，又称消化盲囊、肝胰腺，为复管状腺，由许多具分支的小管组成，各腺管之间有少量结缔组织连接。腺上皮有吸收细胞和嗜碱性分泌细胞2种类型（图6-24）。吸收细胞呈柱状，大小不一，胞质内有许多大小不等的囊泡或嗜伊红颗粒，胞核多位于基底部。分泌细胞散布于吸收细胞之间，呈锥形，体积较小,胞质嗜碱性,胞核多呈圆形、位于细胞中央,核仁明显。众多腺管汇集于小导管,再经较大的导管开口于胃。导管上皮为单层纤毛柱状细胞。

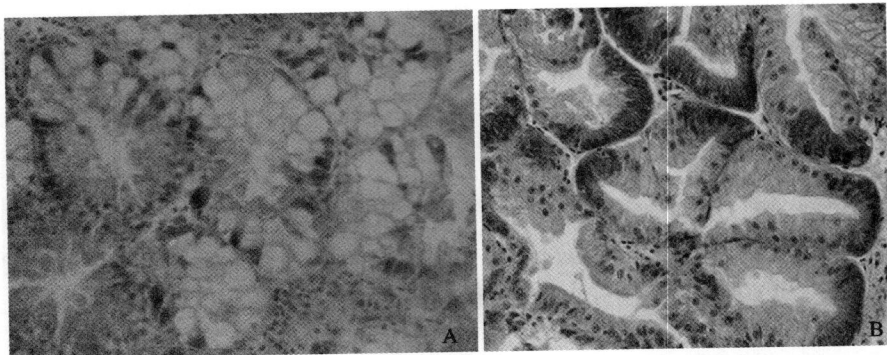

A. 栉孔扇贝　B. 文蛤

图 6-24　贝类消化盲囊切面

五、课堂完成下列绘图作业

(1)高等脊椎动物消化道的组织结构,显示各组织成分。

(2)鱼类食道组织结构,显示各组织成分。

(3)对虾胃的组织结构,显示各组织成分。

(4)贝类消化道结构,显示各组织成分。

六、思考题

(1)硬骨鱼类消化道组织结构有何特点?

(2)对虾胃磨结构有什么特点?具有什么作用?

(3)贝类消化道黏膜层形成许多形态不同的褶皱,这些褶皱有什么作用?

第二部分

综合型实验

实验七　生殖细胞与早期的胚胎发育

一、实验目的

不同动物,生殖细胞的形态、结构及生理特性不同,导致受精和早期胚胎发育的方式与过程存在差异。通过实验,观察、了解不同动物生殖细胞的形态结构特征以及早期胚胎发育的特点与规律。

二、实验仪器与药品

光学显微镜、解剖镜、擦镜纸、二甲苯、香柏油、凹玻璃、胚胎皿、吸水纸、滴管等。

三、实验材料

人、羊、鱼类、贝类、对虾等精子涂片;鱼类、青蛙、对虾、扇贝卵子固定材料;鱼类、海星、青蛙等早期胚胎发育制片或固定标本。

四、实验内容

1. 不同动物精子形态

(1)观察人精液涂片。

人的精子为典型的鞭毛型精子,明显区分为头部、颈部和尾部。顶体染色浅,呈透明帽状扣在细胞核的前端;细胞核深染(图 7-1)。

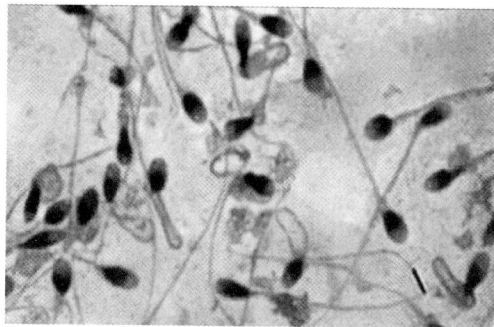

图 7-1　人精子

（2）观察羊（*Merycoidodon gracilis*）精液涂片。

羊的精子为典型鞭毛型精子，具有头部、颈部与尾部。涂片中顶体与细胞核不易区分，尾部明显（图7-2）。

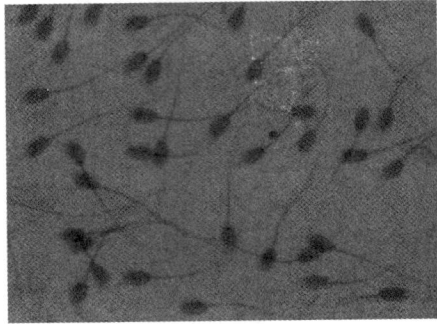

图7-2　羊精子

（3）观察鲫鱼、香鱼（*Plecoglossus-altivelis*）精液涂片。

精子在构造上虽然也包含头部、尾部，但中段非常短小，在涂片上难以区分。硬骨鱼类精子头部无顶体，因此头部呈圆球形。尾部纤细，染色较浅（图7-3）。

（4）观察扇贝、牡蛎精液涂片。

扇贝、牡蛎双壳贝类，精子也属鞭毛

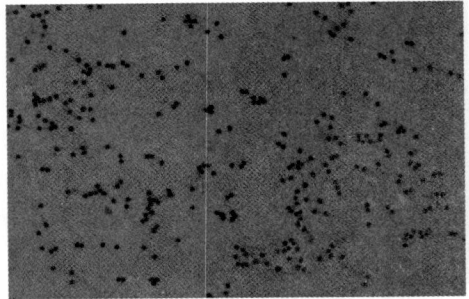

图7-3　鲫鱼精子

型，具有顶体，尾部十分纤细。双壳贝类不同种类精子的长短及头部的形状有差异。栉孔扇贝精子长60～70 μm，头部长4.2～5.0 μm，头部呈尖锥形（图7-4）。长牡蛎精子全长约21 μm，尾部长约18 μm，头部圆球形，最大直径约2.6 μm。

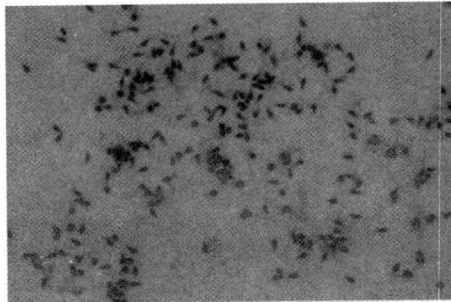

图7-4　栉孔扇贝精子

(5)观察皱纹盘鲍(*Haliotisdiscus hannai*)精液涂片。

皱纹盘鲍属于腹足类,精子具鞭毛,结构与双壳贝类的精子相似。但头部的形态呈子弹头状,顶体位于前端,具有明显的顶体下腔。核长柱状。尾部纤细(图7-5)。精子全长60 μm,顶体长7～8 μm,尾部长50 μm以上。

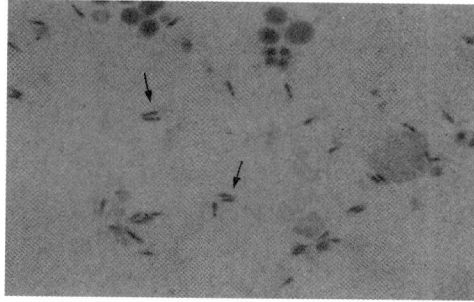

图7-5 皱纹盘鲍精子

(6)观察中国对虾(*Penaeus chinensis*)精子涂片或切片。

对虾精子属非鞭毛型,没有尾部,不能主动运动。精子前端为一棘突,中间为帽状部,后端为主体部,全长约10 μm(图7-6)。

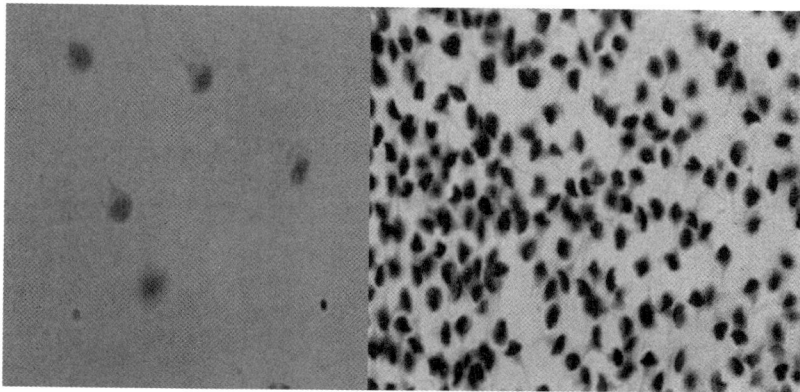

A. 涂片中的精子　B. 贮精囊中精子(切片)
图7-6 对虾精子

2. 不同类型卵子形态

(1)观察真鲷(*Pagrus major*)或大马哈鱼(*Oncorhynchus keta*)卵:真鲷鱼与大马哈鱼均卵属于端黄卵,卵核和卵质集中在卵的动物极形成白色的胚盘,卵子的绝大部分为卵黄所占据,极性明显(图7-7)。

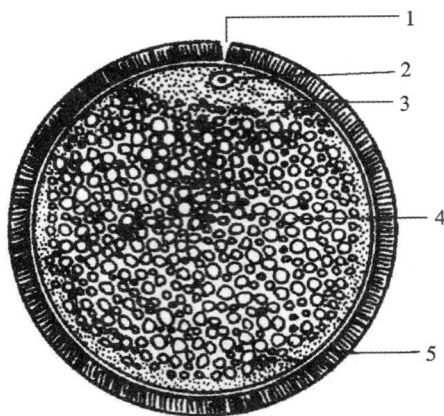

1. 卵膜孔;2. 胚泡;3. 胚盘;4. 卵黄;5. 卵膜

图 7-7　硬骨鱼类的卵子模式结构图(引自楼允东,1999)

(2)观察青蛙及蟾蜍卵子:青蛙及蟾蜍卵为间黄卵。青蛙单个卵分散,蟾蜍卵呈带状,遇水后胶膜膨胀(图 7-8)。可根据色素分布的多少区分出动、植物性半球。卵子动物性半球色素多,呈深褐色,植物性半球色素少,为乳白色。但蟾蜍未受精卵,色素分布均匀,难以区分出动、植物性半球。

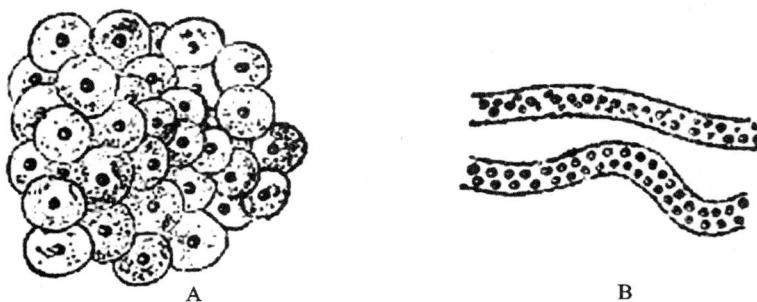

A. 青蛙卵　B. 蟾蜍卵

图 7-8　青蛙与蟾蜍的卵

(3)观察对虾卵子:对虾的卵属于中黄卵。刚产出的卵,形状不规则,入水后逐渐变圆。成熟卵为浅橘黄色,有时呈灰绿色,入水后逐渐变成不透明的乳白色。

(4)观察扇贝卵子:扇贝的卵属于均黄卵,极性不明显。刚产出时形状不规则,入水后变成球形。

3. 卵裂

(1)观察海星(Asteroidea)2、4细胞胚胎整封片。

海星卵裂为完全均等的卵裂,分裂球大小一致,并具有明显的受精膜、卵周隙(图 7-9)。

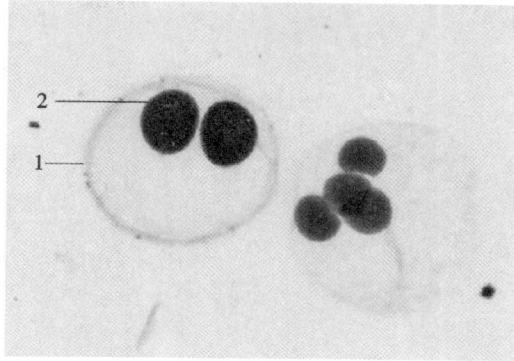

1.受精膜;2.分裂球

图 7-9　海星的 2、4 细胞胚胎

(2)观察真鲷卵裂期胚胎:真鲷为端黄卵,卵黄丰富,卵裂仅局限在胚盘内进行,为典型盘状卵裂(图7-10)。

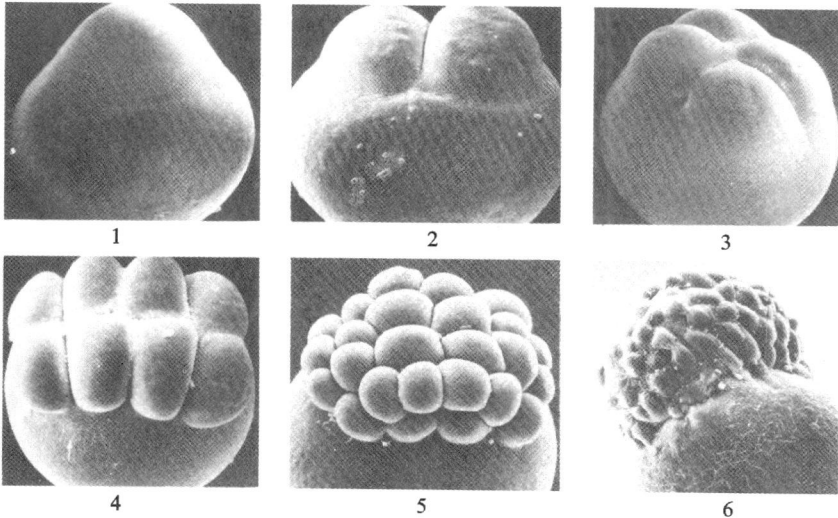

1.受精卵;2.2 细胞期;3.4 细胞期;4.8 细胞期;5.32 细胞期;6.盘状囊胚

图 7-10　硬骨鱼类的盘状卵裂(引自 Scottf G,1980)

(3)观察扇贝、牡蛎等双壳贝类卵裂期胚胎:卵裂为完全不均等卵裂。受精卵的受精膜不明显,但极体、极叶明显可见。极叶是早期卵裂前卵质流向植物性半球所形成的叶状半透明突起。卵裂结束后,极叶并入其中一个分裂球,导致该细胞特别大,形成不均等卵裂(图 7-11)。

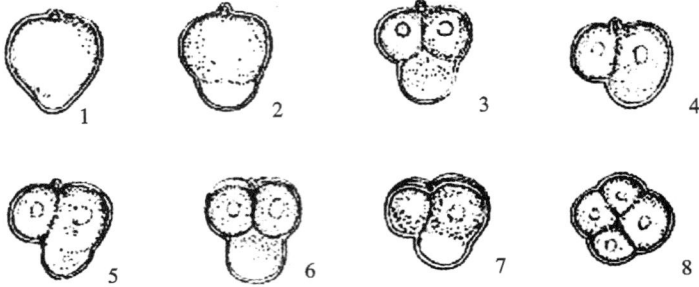

1,2.第一极叶伸出;3.第一次卵裂结束;4.2 细胞期;5.第二极叶伸出;6.第二次卵裂;
7.第二极叶缩回;8.4 细胞期

图 7-11　长牡蛎的卵裂

(4)观察青蛙的卵裂期胚胎及切片。

受精卵的卵裂从动物极开始,首先出现一凹陷,然后扩大为裂沟,将卵子进行分割(图 7-12)。进行第一次分裂后,形成两个连在一起的分裂球,这是 2 细胞时期,继续分裂就依次进入 4 细胞、8 细胞、16 细胞、32 细胞时期等。切片观察,动物极小分裂球的分裂速度明显较大分裂球快(图 7-13)。

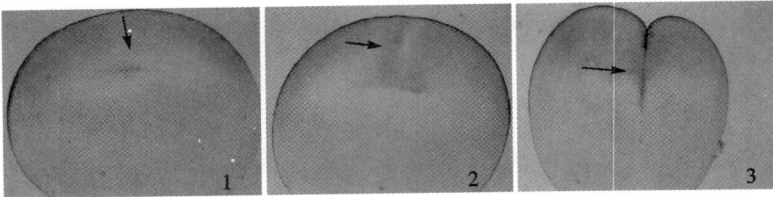

1.卵裂前出现凹陷(箭头示);2.裂沟出现(箭头示);3.第一次卵裂(箭头示)

图 7-12　青蛙的第一次卵裂

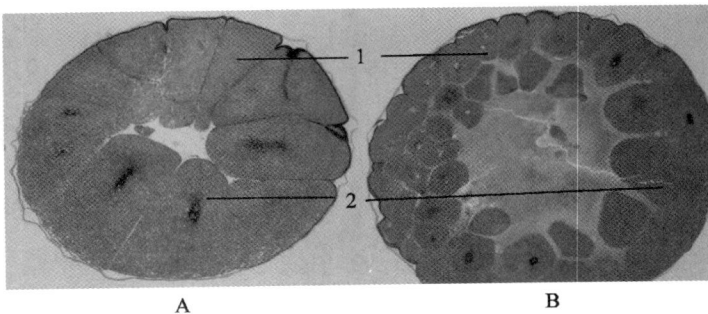

1.动物极小细胞;2.植物极大细胞

图 7-13　青蛙的不均等卵裂

(5)观察鼓虾(Alpheus)卵裂期胚胎切片。

鼓虾的卵裂为表面卵裂。卵裂开始时,卵子中央的细胞核不断进行分裂,包围在细胞核外的卵质形状不规则,在切片中呈星状或不规则的团块状。以后随着发育的不断进行,卵核与其周围的胞质一起移到卵子的皮层并在此继续分裂(图7-14)。

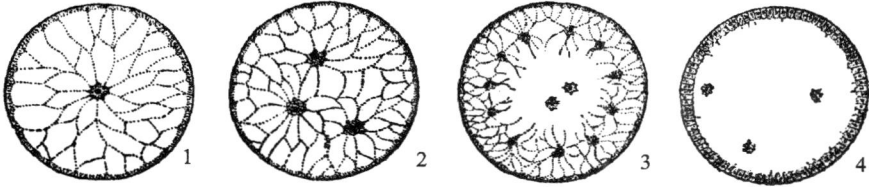

1.卵裂前的受精卵;2,3.核分裂阶段;4.形成表面囊胚
图7-14 表面卵裂(引自楼允东,1999)

4.囊胚

(1)观察青蛙、海星的囊胚切片。

青蛙、海星囊胚均为典型的有腔囊胚。囊胚呈球形,中间有一个较大的空腔即囊胚腔。海星的囊胚壁由单层细胞构成(图7-15A),青蛙的囊胚壁则由多层细胞构成(图7-15B)。

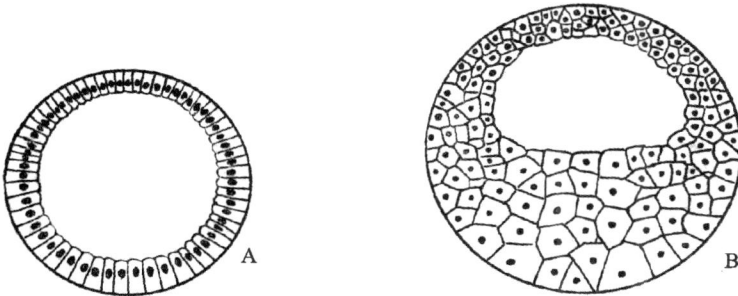

A. 单层囊胚 B. 多层囊胚
图7-15 有腔囊胚(引自楼允东,1999)

(2)观察白鲢鱼(Hypophthalmichthys molitrix)的囊胚切片。

白鲢鱼囊胚为盘状囊胚,由端黄卵行盘状卵裂而成。囊胚细胞集中呈盘状,高耸于卵黄之上,称为胚盘;胚盘与卵黄之间有裂缝状的胚下腔(图7-16)。

(3)观察水螅(Hydromedusae)、水母(Medusa)囊胚切片。

囊胚细胞排列紧密,中间无明显的囊胚腔,为实心囊胚。有些胚胎在卵裂初期尚有腔隙,以后被卵裂球挤压而消失。某些环节动物和腹足类软体动物的囊胚也为实心囊胚(图7-17)。

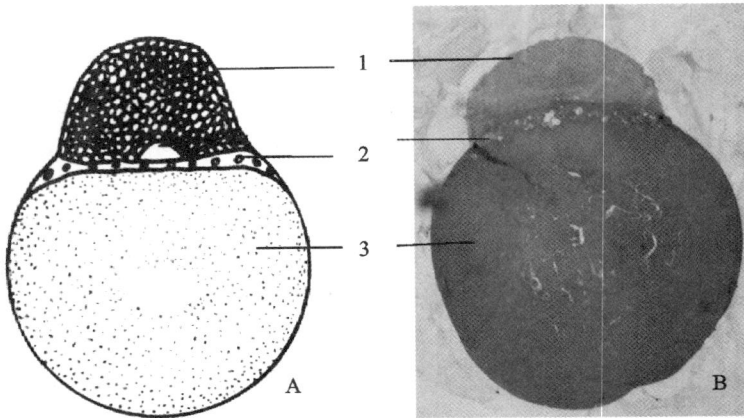

1.胚盘;2.卵黄多核体;3.卵黄

A.模式图　B.白鲢鱼囊胚切面

图 7-16　盘状囊胚

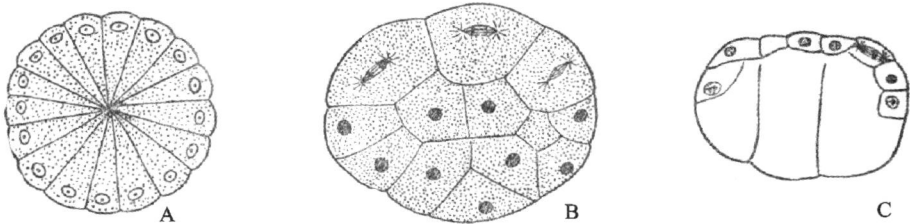

1.水母类;2.水螅类;3.腹足类

图 7-17　实心囊胚(引自曲淑惠等,1980)

(4)观察鼓虾囊胚切片。

鼓虾囊胚属于边围囊胚,壁由单层细胞构成,嗜碱性,染为蓝色;内部被卵黄填充,嗜酸性,染为粉红色(图 7-18)。

5.原肠作用的方式

(1)观察文昌鱼(*Branchiostoma belcheri*)原肠胚模型。

文昌鱼原肠胚形成方式为典型的内褶法(内陷法)。由囊胚植物极及其附近的细胞向囊胚腔内陷入形成原肠。原肠与外界的通孔成为胚孔或原口(图 7-19)。

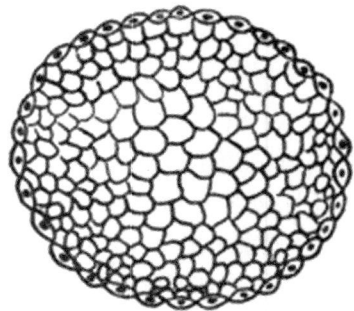

图 7-18　边围囊胚(引自楼允东,1999)

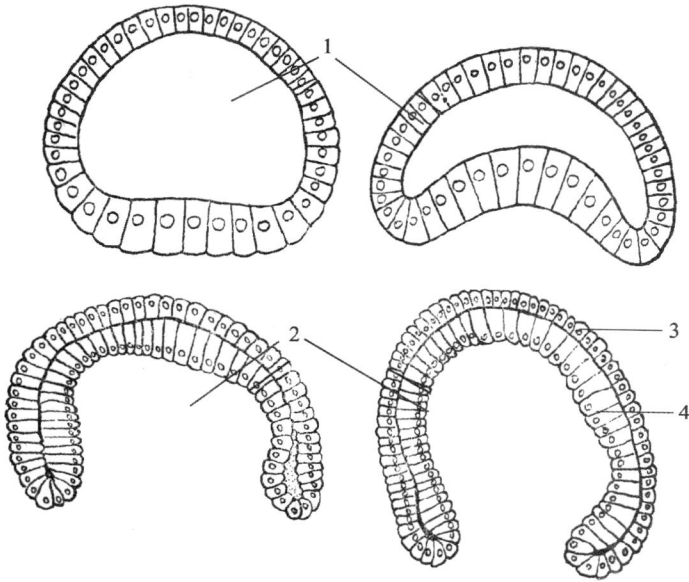

1. 囊胚腔；2. 原肠腔；3. 外胚层；4. 内胚层

图 7-19　内陷法(文昌鱼)(引自楼允东，1999)

（2）观察海星原肠胚整封片。

海星采取典型的内褶法（内陷法）形成原肠胚。同时,部分外胚层细胞分散地进入囊胚腔中,形成中胚层间叶细胞（间充质细胞,图7-20）。

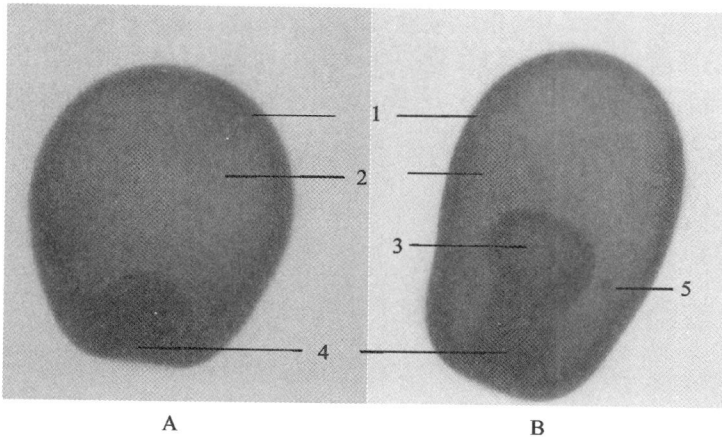

1. 囊胚壁；2. 囊胚腔；3. 原肠腔；4. 原口；5. 间叶细胞

A. 原肠早期　　B. 原肠晚期

图 7-20　海星原肠胚及间叶细胞

（3）观察白鲢或鲤鱼的原肠胚切片。

与其他硬骨鱼类一样，白鲢、鲤鱼二者以外包、内卷、集中等原肠作用方式形成原肠胚。胚盘细胞不断向植物极方向下包，因受到卵黄的阻碍作用，胚盘边缘的细胞内卷形成胚环。胚环形成后，部分囊胚细胞沿胚环的边缘向胚环的一定部位集中，形成胚盾。在原肠胚晚期切片中，仍有部分卵黄未被包入，这一部分卵黄，称为卵黄栓（图 7-21）。

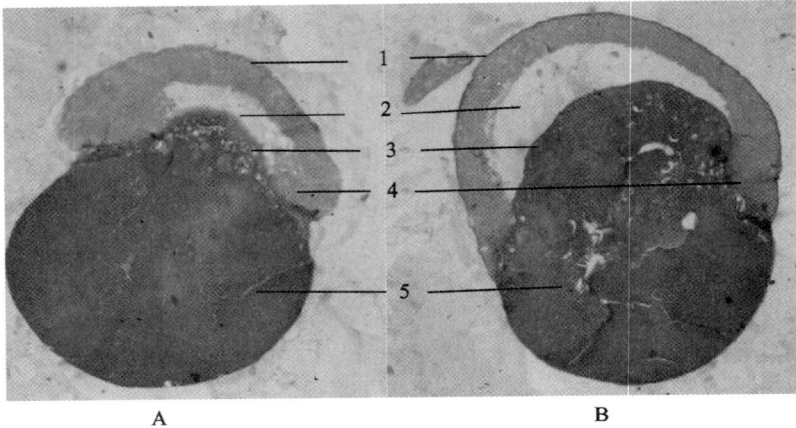

1.外胚层；2.胚盘下腔；3.卵黄多核体；4.内胚层；5.卵黄
A.早期原肠胚　B.晚期原肠胚
图 7-21　白鲢鱼原肠胚纵切面

（4）观察青蛙原肠胚切片。

青蛙原肠胚的形成主要采取外包与内卷方式进行。动物极的小分裂球沿胚胎边缘向下逐渐包围植物极的大分裂球。与此同时，部分细胞沿胚孔边缘部位向内卷入形成原肠胚（图 7-22）。

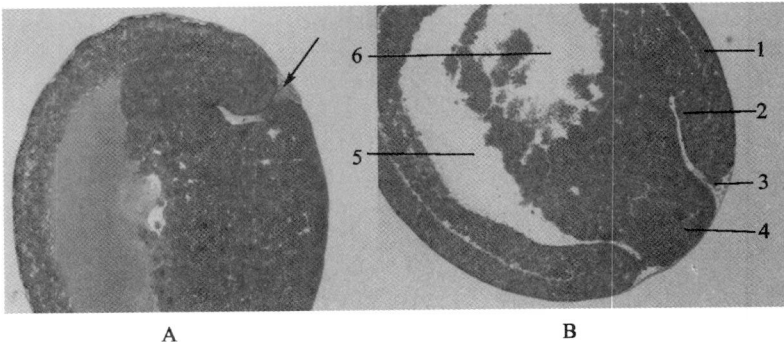

1.外胚层；2.内胚层；3.唇；4.胚孔；5.原肠腔；6.囊胚腔
A.早期原肠胚　B.晚期原肠胚
图 7-22　青蛙原肠胚切面

(5)观察青蛙的神经胚切片。

1)神经板期:原肠胚时期的两侧唇向中央靠拢,使胚孔变为梨状,最后侧唇合并为一纵沟,称为原条。背部神经物质集中形成前宽后窄的马蹄形神经板。

横切面观察:背面是神经板,神经板的腹面中央是脊索。脊索两侧为中胚层,腹面的腔为原肠腔(图 7-23A)。

2)神经褶期:神经板左、右两侧缘细胞加厚隆起,并向背方突出,形成侧神经褶(图 7-23B)。

3)神经管期:两侧神经褶向背方靠拢合并为神经管。切面观察,背部为神经管,神经管背面两侧的细胞团为神经嵴,在神经管腹面的实心细胞团是脊索。位于脊索两侧的是背中胚层和侧中胚层,两者之间的腔是体腔。在脊索腹面的腔为原肠腔。

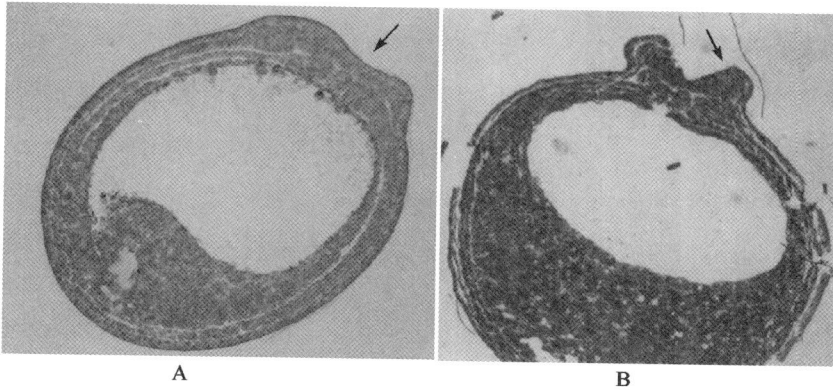

A. 神经板期(箭头示)　B. 神经褶期(箭头示)

图 7-23　青蛙神经胚切面

五、课堂完成以下绘图作业

(1)光镜下所能观察到的动物精子的显微形态。

(2)海星 2、4 细胞胚胎。

(3)青蛙分割胚、囊胚、原肠胚、神经胚,注意受精膜、细胞的大小、背唇、腹唇、胚层的区分等。

六、思考题

(1)不同动物精子头部的形态为什么不同?

(2)决定原肠作用方式的因素是什么?

(3)青蛙与白鲢鱼的原肠作用方式有什么不同?

实验八　双壳贝类的发生

一、实验目的

海产双壳贝类是滩涂和浅海养殖的主要对象。虽然种类繁多,但它们性腺发育及个体发生的规律基本相似。本实验通过观察不同双壳贝类性腺发育切片和胚胎及幼虫发育的标本,了解其性腺发育及个体发生的过程与规律。

二、实验仪器与药品

光学显微镜、解剖镜、擦镜纸、二甲苯、香柏油、凹玻璃、胚胎皿、吸水纸、滴管等。

三、实验材料

扇贝、文蛤、牡蛎等双壳贝类的性腺发育切片、胚胎及幼虫标本。

四、实验内容

1. 双壳贝类性腺发育分期

(1)观察扇贝、杂色蛤(*Venerupisvariegate*)、泥蚶等贝类卵巢切片。

1)增殖期:滤泡几乎为一空腔,周围有较多的结缔组织。滤泡壁一般为单层卵原细胞,数量不断增多,体积不断增大,并逐渐形成前期卵母细胞(图 8-1A)。

2)生长期:滤泡体积增大,周围结缔组织变少。卵母细胞开始生长迅速,在短期内达到最大体积,并逐渐充满整个滤泡腔。核区透明(图 8-1B)。

3)成熟期:滤泡体积最大,结缔组织稀少。滤泡内大量卵母细胞失掉卵柄而落入滤泡腔内。由于相互挤压,卵细胞呈不规则的椭圆形、圆形、梨形和多边形等。细胞核又大又圆,染色质少,核仁明显(图 8-1C)。

4)排放期:排放前滤泡腔内充满成熟的卵子。排放后,滤泡腔变大。沿滤泡壁还有正在进行分裂活动的卵原细胞,滤泡腔内有少数成熟卵(图 8-1D)。

(2)观察扇贝、杂色蛤、泥蚶等贝类精巢切片。

1)增殖期:滤泡几乎为一空腔,周围有丰富的结缔组织。滤泡内精原细胞不断分裂,并出现单层的初级精母细胞(图 8-2A)。

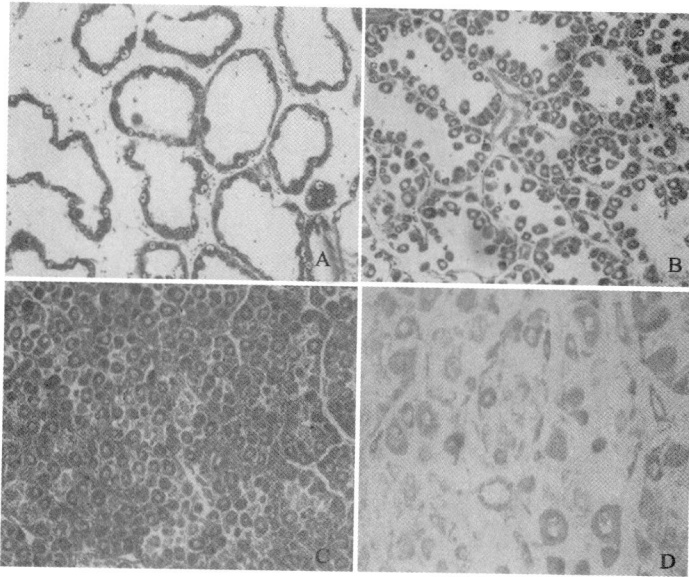

A. 增殖期　B. 生长期　C. 成熟期　D. 排放期

图 8-1　栉孔扇贝卵巢切面

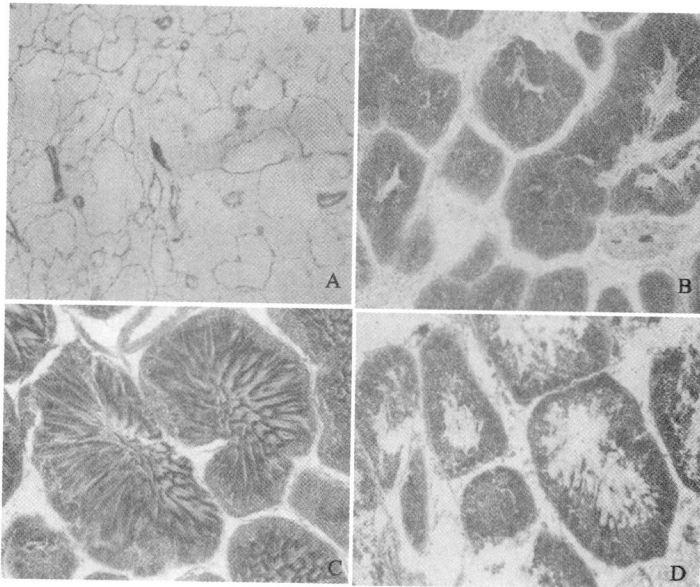

A. 增殖期　B. 生长期　C. 成熟期　D. 排放期

图 8-2　栉孔扇贝精巢切面

2)生长期:滤泡增大,滤泡中精原细胞不断分裂增殖,并可见到自精原细胞到精子细胞不同发育时期的雄性生殖细胞。同时滤泡内的生殖细胞已从原来的单层成为多层排列,呈涡旋状或放射状(图8-2B)。

3)成熟期:滤泡发育到最大成熟度,滤泡腔变小,大量成熟的精子呈密集辐射状排列(图8-2C)。

4)排放期:精子排放后,成熟精子的数量减少,滤泡变大。在滤泡壁可见到精母细胞,仍有部分精子存在。排放后滤泡变得不规则,各层次细胞排列紊乱(图8-2D)。

2.生殖细胞的发育

(1)观察扇贝、贻贝(*Mytilus edulis*)、泥蚶等贝类成熟期卵巢切片。

1)卵原细胞:个体最小,往往成群分布。胞核大,胞质较少,被染成蓝紫色(图8-3)。

2)小生长期初级卵母细胞:细胞个体大小不一。胞核较大,核仁明显。胞质嗜碱性,染为蓝紫色,无卵黄积累。

3)大生长期初级卵母细胞:细胞个体最大,突向滤泡腔内。由于卵黄的积累,胞质嗜酸性,染为粉红色。此时的胞核较大,染色质少,呈透明的空泡状,核仁明显,称为生发泡。

4)成熟卵子:初级卵母细胞经过充分生长后便脱离滤泡壁进入滤泡腔中等待产出,成为成熟的卵子。

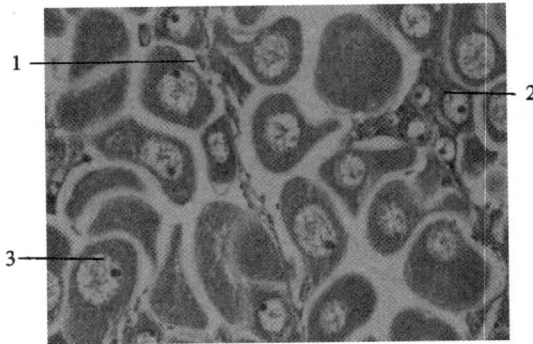

1.卵原细胞;2.小生长期初级卵母细胞;3.大生长期初级卵母细胞

图8-3 栉孔扇贝不同发育期雌性生殖细胞

(2)观察扇贝、贻贝、泥蚶等贝类成熟期精巢切片。

滤泡呈圆形、椭圆形或不规则状,滤泡壁上有不同发育期的生殖细胞,包括精原细胞、初级精母细胞、次级精母细胞、精子细胞及成熟精子。成熟精子以头部向壁,尾部朝向腔,大量的精子尾部鞭毛汇聚成束,被染为粉红色(图 8-4)。

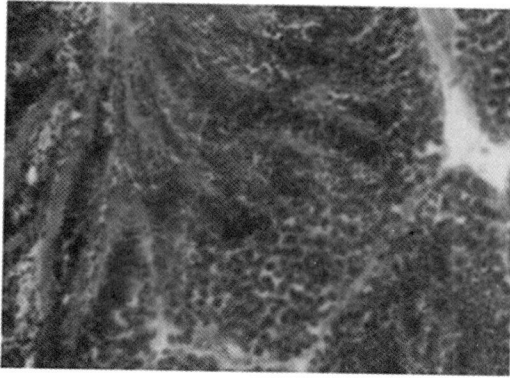

图 8-4　栉孔扇贝不同发育期雄性生殖细胞

3. 卵裂、囊胚与原肠胚

(1)观察长牡蛎受精卵及 2 细胞、4 细胞、8 细胞胚胎:吸取少量胚胎悬浮液于干净的载片上,轻轻盖上盖片,显微镜下观察。

可以观察到受精卵、2 细胞期、4 细胞期、8 细胞期等不同发育时期的胚胎。注意卵裂的类型、极叶与极体的位置(图 8-5(1~16)、图 8-6(1~9))。

(2)观察扇贝或牡蛎的囊胚期胚胎:胚胎大多呈球形或椭球形,外被纤毛。但固定后纤毛不易观察到(图 8-5(17)、图 8-6(10))。

(3)观察扇贝或牡蛎原肠胚期胚胎:胚胎外被纤毛,与囊胚比较一端稍扁平,出现原肠(图 8-5(18)、图 8-6(11))。

4. 幼虫发育

观察扇贝、牡蛎等贝类的担轮幼虫、D 型幼虫、壳顶期幼虫、眼点期幼虫标本。

(1)担轮幼虫:早、中期的担轮幼虫外观呈倒梨形,顶部较圆而膨大,顶部的鞭毛和纤毛固定后不易观察到,原来的胚孔位置下陷将发育为成体的口。后期的担轮幼虫顶部变扁平,体前部的口前纤毛环、鞭毛都清晰可见。肛门的凹陷比口明显。身体背部的壳腺已经稍向外隆起,因此身体略向腹面弯曲(图 8-5(19)、图 8-6(12))。

(2)D 型幼虫:又称直线绞合幼虫。身体侧扁,左右侧各有一片透明的 D 形幼虫壳。面盘上的纤毛很发达,面盘不仅是幼虫的运动器官,对幼虫的摄食也有一定的辅助作用。但在固定时,面盘等往往缩进贝壳内而难以观察清楚(图 8-5(20~21)、图 8-6(13~14))。

（3）壳顶期幼虫：壳顶隆起，由于壳的腹后缘生长比较快，使幼虫壳的前后部失去原有的对称性，后端较圆钝，前端较尖细。此时，幼虫壳的形态与大小都与 D 形幼虫有差异，在内部器官上也有较大的发展与变化（图 8-5（22～25）、图 8-6（15））。

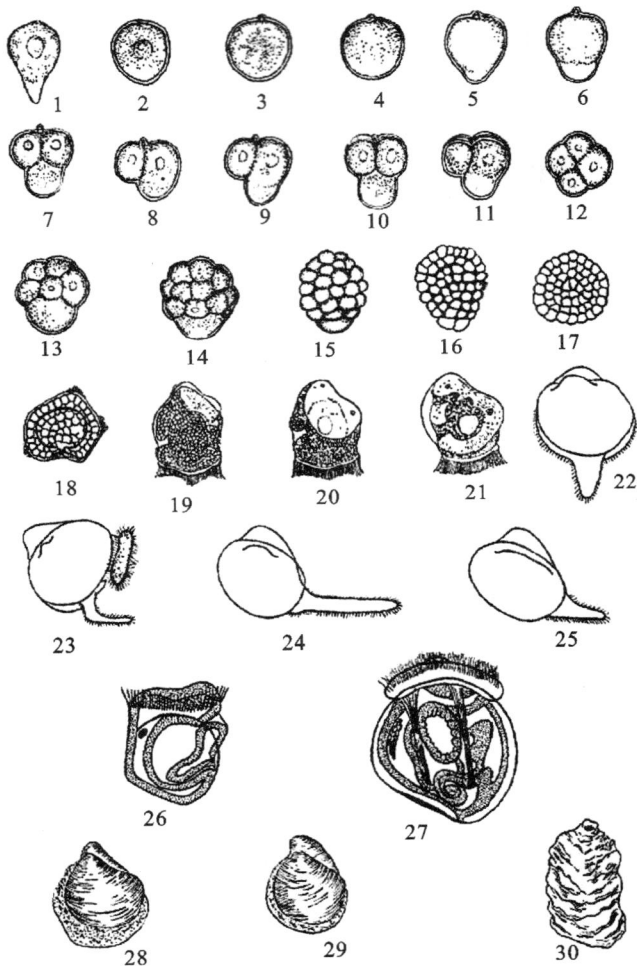

1.未受精卵；2.受精卵；3.放出第一极体；4.放出第二极体；5.第一极叶出现；6,7.第一次卵裂；8.2 细胞期；9～11.第二次卵裂；12.4 细胞期；13.8 细胞期；14.16 细胞期；15.分裂胚；16.桑葚胚；17.囊胚；18.原肠胚；19.单轮幼虫；20,21.D 形面盘幼虫；22～25.壳顶期面盘幼虫；26,27.眼点期面盘幼虫；28～30.稚贝

图 8-5　长牡蛎胚胎及幼虫发育（引自缪国荣等，1990）

（4）眼点期幼虫：虫壳前后端不对称。在足的基部可观察到黑褐色的眼点（图 8-5(26～27)、图 8-6(16)）。

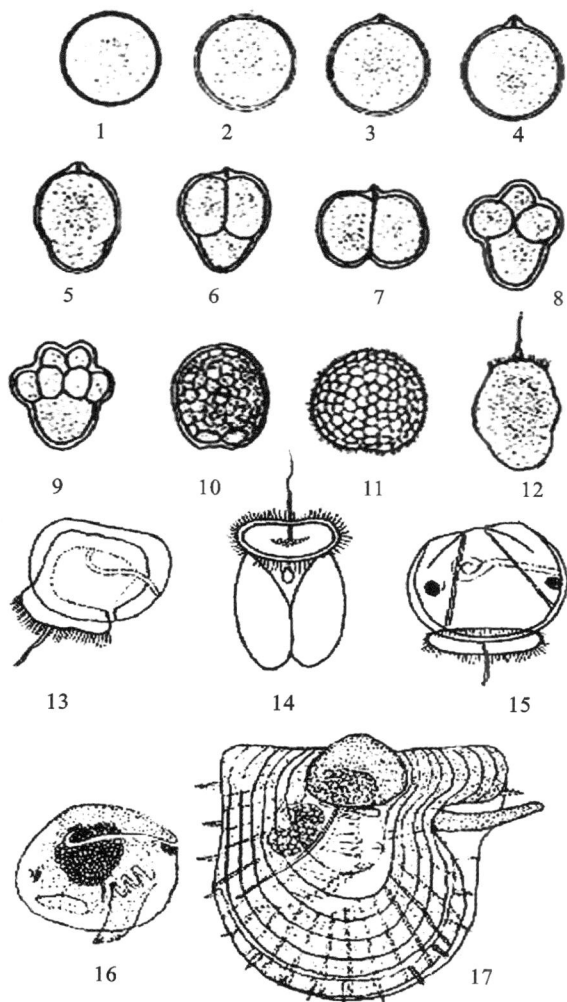

1.未受精卵；2.受精卵；3.出现第一极体；4.出现第二极体；5.第一极叶伸出；6.第一次卵裂；7.2 细胞期；8.第二极叶伸出；8.4 细胞期；9.8 细胞期；10.囊胚期；11.原肠胚期；12.单轮幼虫；13.早期 D 形面盘幼虫；14.晚期 D 形面盘幼虫；15.壳顶期面盘幼虫；16.眼点期面盘幼虫；17.稚贝

图 8-6　栉孔扇贝胚胎发育及幼虫发育(引自缪国荣等,1990)

5. 稚贝

观察附着变态后的稚贝。面盘逐渐退化消失,形态逐渐与成体相似。由于个体较大,眼点也较明显(图 8-5(28~30)、图 8-6(17))。

五、课堂完成下列绘图作业

(1)不同发育期卵巢泡囊结构,显示不同发育期卵母细胞。

(2)成熟期精巢泡囊结构,显示不同发育期生殖细胞的形态结构与排列顺序。

(3)2、4 细胞期胚胎,注明极体、极叶、受精膜等。

(4)不同发育期幼虫,突出各期幼虫的形态结构特点。

六、思考题

(1)海水贝类的胚胎及幼虫发育有什么特点?

(2)眼点具有什么作用? 它的出现对于生产实践有什么指导意义?

实验九　对虾的发生

一、实验目的

对虾养殖已成为我国水产养殖的支柱产业之一。本实验的目的是通过观察对虾不同发育期性腺切片和胚胎及幼虫标本,了解性腺结构、生殖细胞及胚胎发育的规律。

二、实验仪器与药品

光学显微镜、解剖镜、擦镜纸、二甲苯、香柏油、凹玻璃、胚胎皿、吸水纸、滴管等。

三、实验材料

中国对虾性腺发育切片以及胚胎和幼虫发育标本。

四、实验内容

1. 对虾卵子的发生

观察中国对虾各期卵巢切片。

依据发生过程中的形态结构特征,将卵子的发育分为 5 个时相(图 9-1):

(1)Ⅰ时相:为卵原细胞。细胞直径为 20 μm,形态不规则。核大而圆,核仁1~2个。胞质嗜碱性。

(2)Ⅱ时相:为卵黄发生前的小生长期初级卵母细胞。细胞为不等多边形,直径为 20~50 μm。核大而圆,核仁多个,沿核内膜分布。胞质嗜碱性。卵母细胞周围有一层矮立方形的滤泡细胞分布(图 9-1B)。

(3)Ⅲ时相:为开始出现卵黄的大生长期初级卵母细胞。胞质增多,卵黄开始积累,嗜酸性增强,卵径为 100~170 μm。滤泡细胞呈扁平状(图 9-1B)。

(4)Ⅵ时相:初级卵母细胞的体积已基本长足,直径为 200~300 μm。同时在卵子的皮层出现球状、椭球状的周边体。后期周边体增长,呈长棒状辐射排列于卵子的皮层。核膜、核仁开始溶解。卵表面的滤泡细胞仅呈一薄膜状(图9-1D,F)。

(5) V时相：为完全成熟的卵子。其核相处于第一次成熟分裂中期，核膜、核仁完全消失。周边体仍辐射排列于卵子的皮层。此时卵子已离开滤泡膜进入到卵巢腔或体腔，等待产出。

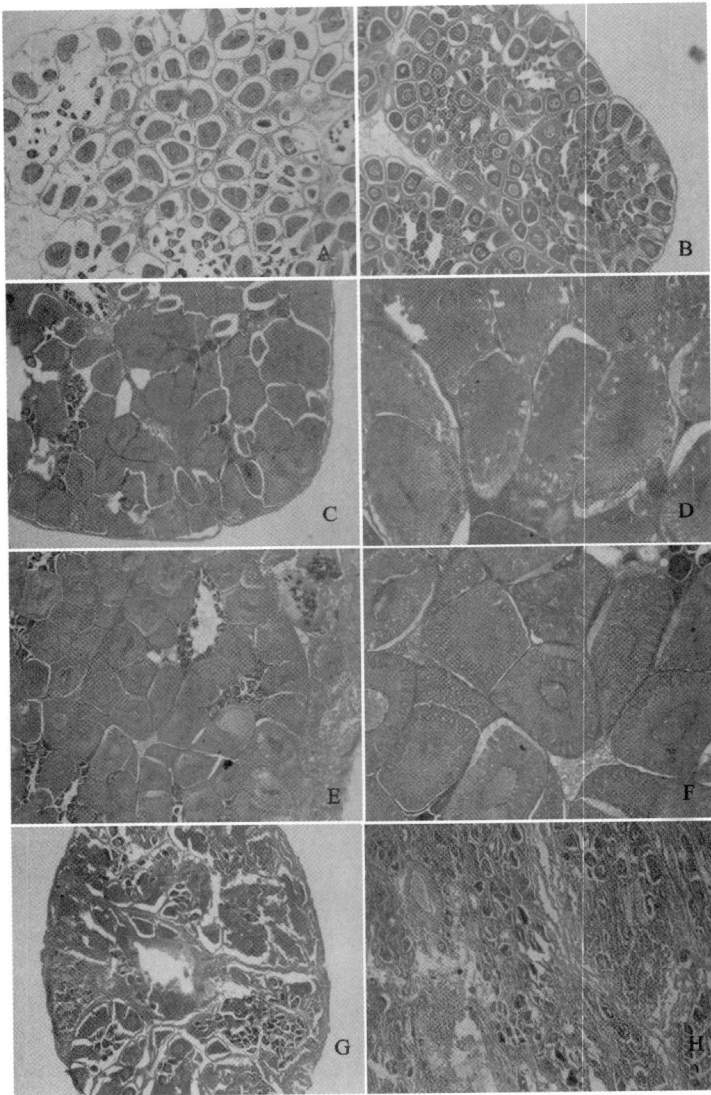

A，B. II-III期卵巢；C. IV期卵巢；D. IV时相卵母细胞；E. IV-V期卵巢；F. IV-V时相卵母细胞；G. VI期卵巢；H. 处于退化状态的VI期卵巢

图 9-1　中国对虾的卵巢切面

2.对虾的性腺发育分期

观察中国对虾各期卵巢切片。

依据卵巢发育的形态特征及生殖细胞的发育状况,分为以下 6 期(图 9-1):

(1)Ⅰ期(发育前期):卵巢处于旺盛的增殖期,体积很小,无色透明。卵巢内的生殖细胞个体较小,核质比例较高,属于卵原细胞的增殖期。

(2)Ⅱ期(发育早期):卵巢体积增大,半透明,白浊至淡灰色。卵巢为的卵母细胞大多处于第Ⅱ时相(图 9-1A,B)。

(3)Ⅲ期(发育期):卵巢体积明显增大,淡黄至黄绿色。卵母细胞体积迅速增长,卵质内已出现卵黄颗粒。这时卵巢中同时可观察到第Ⅱ时相、第Ⅲ时相的卵母细胞,以第Ⅲ时相为主(图 9-1A,B)。

(4)Ⅳ期(将成熟期):卵巢基本上达最大体积,呈灰绿色至绿色,已接近成熟。卵巢内卵母细胞已发育到第Ⅳ时相(图 9-1C,D,E)。

(5)Ⅴ期(成熟期):卵巢达到最大丰满度,呈褐绿色或深绿带灰褐色。卵巢内卵母细胞以第Ⅳ时相为主,部分已完全成熟,开始内产(图 9-1F)。

(6)Ⅵ期(枯竭期):产后的卵巢进入枯竭期,体积萎缩、变小,呈土黄色等。卵巢中除存在大量排空的滤泡腔之外,还有处于不同发育期的卵母细胞,如第Ⅱ时相、第Ⅲ时相的卵母细胞以及未产出的退化的成熟卵。结缔组织十分丰富。那些未产出的成熟卵会逐渐退化吸收,而那些发育早期的卵母细胞等则会再次发育为成熟的卵子(图 9-1G,H)。

3.对虾精巢结构与精子的发生

观察对虾精巢切片。

一对精巢位于心脏下方,贴附于肝胰腺之上。成熟时,精巢呈半透明的乳白色,叶片状。

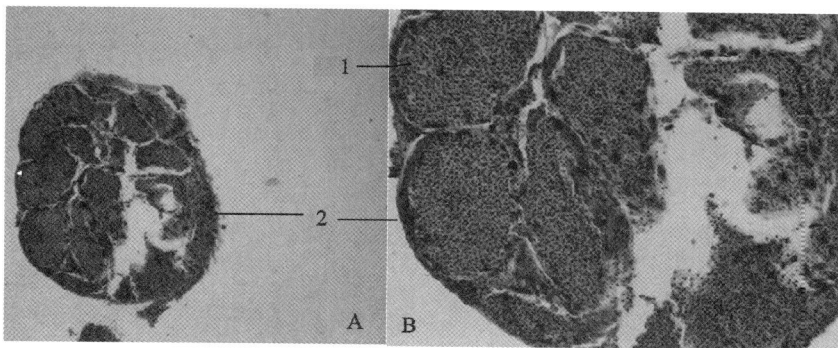

1.结缔组织被膜;2.生精小管

A. 横切 B.放大图像

图 9-2 凡纳滨对虾成熟精巢切面

切片显示,精巢外被结缔组织薄膜。薄膜伸入精巢内部将精巢分割为许多生精小叶,生殖细胞在小叶壁上发育成熟(图 9-2)。

4. 对虾贮精囊和输精管的结构

观察中国对虾贮精囊和输精管切片。

贮精囊是形成和贮存精荚的地方。贮精囊壁分为数层,从近腔面开始,依次为上皮层、结缔组织、肌肉层及外膜。上皮层具有分泌功能(图9-3A)。

输精管壁具有明显的组织结构层次,可分为上皮层、结缔组织、肌肉层及外膜。上皮层由单层柱状细胞构成,排列规则。结缔组织较致密,内分布有纵走的肌纤维。环肌连续,位于结缔组织外侧。外膜界限清晰。某些部位的上皮层、结缔组织及内部纵走的肌纤维伸入腔内,形成较长突起(图 9-3B)。

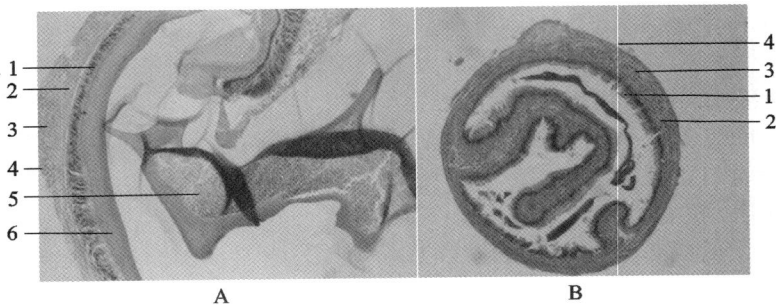

1.上皮层;2.结缔组织;3.肌肉层;4.外膜;5.精子;6.上皮分泌物

A.贮精囊的部分形态 B.输精管横切

图 9-3 对虾的贮精囊与输精管切面

5.受精卵及早期的胚胎发育

观察中国对虾受精卵及早期胚胎的整封片及固定标本。

(1)受精卵:球形,直径为 $220\sim280\ \mu m$,外周具有一层透明的受精膜。可观察周边体释放后在卵周围形成的胶膜(图 9-4(1)、图 9-5(1~3))。

同时观察未受精的卵子,注意比较与受精卵的差异。在卵周围可观察到因周边体受刺激释放所形成的花簇样结构。

(2)2、4 细胞期:2 细胞期的 2 个分裂球大小相等,紧密排列。4 细胞期的 4 个细胞虽然大小相近,但往往不排列在同一水平面上,而成一定角度扭转排列(图 9-4(2)、图 9-5(4,5))。

(3)8、16 细胞期:8 个分裂球大小一致,但由于对虾具有螺旋卵裂的性质,因此表现为上下 2 层共 8 个细胞成交叉排列(图 9-5(6))。胚胎继续分裂,形成 16 个细胞(图 9-5(7))。

(4)囊胚期:大约在 32 个细胞期,分裂球越来越小,胚胎外观呈球状,具囊胚腔(图 9-5(8))。

(5)原肠胚:此时胚胎的一端略显扁平,正面观可见一凹陷的胚孔。在胚胎的表面可观察到一新形成的薄膜,为胚膜(图 9-5(9))。

(6)肢芽期与膜内无节幼虫期:胚胎拉长呈枣状,开始出现 2 个缢缩并形成 3 个原始的体节,并在腹面两侧形成 3 对附肢芽(第一触角、第二触角、大鄂),为肢芽期(图 9-4(3)、图 9-5(10))。3 对附肢芽向腹面伸长并在肢芽末端长出刚毛,胚胎此时进入膜内无节幼虫期(图 9-4(4)、图 9-5(11~13))。

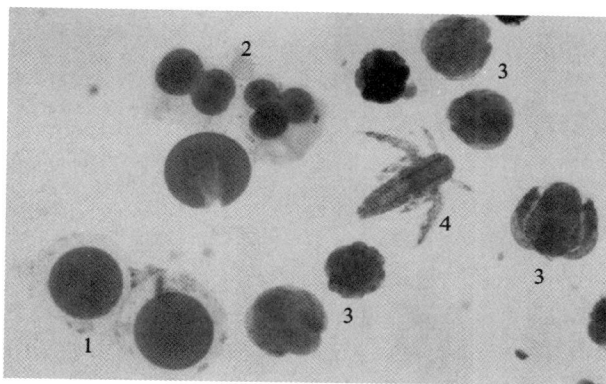

1.受精卵;2.4 细胞期;3.肢芽期;4.膜内无节幼虫

图 9-4　对虾胚胎发育(整封片)

6.幼虫发育

观察中国对虾无节幼虫、溞状幼虫、糠虾幼虫的固定标本。

(1)第 Ⅰ 期无节幼虫:从卵膜内孵出的幼体即为第 Ⅰ 期无节幼虫。这时胚体略呈长卵圆形。从腹面可以看到有 3 对附肢,并能看到中眼、隆起的上唇和幼体后端的一对尾棘。此时幼虫体内充满卵黄,不摄食(图 9-5(14))。

(2)Ⅱ-Ⅵ期无节幼虫:幼虫的个体逐渐增长。第 Ⅱ 期无节幼虫尾棘一对,附肢末端的刚毛由光滑变成羽状。此后,幼虫尾棘逐渐增多(第 Ⅲ 期无节幼体具有 3 对尾棘,第 Ⅳ 期无节幼虫具有 4 对,第 Ⅴ 期无节幼虫具有 6 对,第 Ⅵ 期无节幼虫具有 7 对)。从第 Ⅳ 期无节幼虫起在原有的 3 对附肢的后面又出现 4 对附肢的细小肢芽,第 Ⅵ 期无节幼虫的尾部分叉形成尾凹。

(3)第 Ⅰ 期溞状幼虫:体形前部宽大,后部细长,体后段开始分节,尾节形成尾叉。背甲光滑,无棘刺,复眼尚未长出体表。从本期起幼虫开始摄食。

(4)第 Ⅱ 期溞状幼虫:体长增加,中眼仍然存在。一对具有眼柄的复眼已经长出,背甲具有额剑(虾枪)和棘刺(图 9-6A)。

(5)第 Ⅲ 期溞状幼虫:体长继续增加,中眼仍然存在。在腹部后端长出尾肢与尾节共同构成尾扇。5对步足已逐渐伸长成短棒状,双肢型。

(6)第Ⅰ期糠虾幼虫:幼体外观大体呈糠虾形。主要特点为头胸部与腹部分界明显,5对双叉型的步足很发达,具刚毛,起划水运动作用。5对游泳足(腹肢)还只是不很明显的乳突状肢芽(图9-6B)。

(7)第Ⅱ期糠虾幼虫:主要特点为5对游泳足增长,呈短棒状,并分成2节,尾节呈长方形。步足的内肢仍然短于外肢,第1~3对步足的内肢具螯,第4~5对步足的内肢成爪状。

(8)第Ⅲ期糠虾幼虫:游泳足增长,仍然单肢型,还没有出现刚毛;步足的内肢已较长于外肢。尾节的前后两部分等宽。

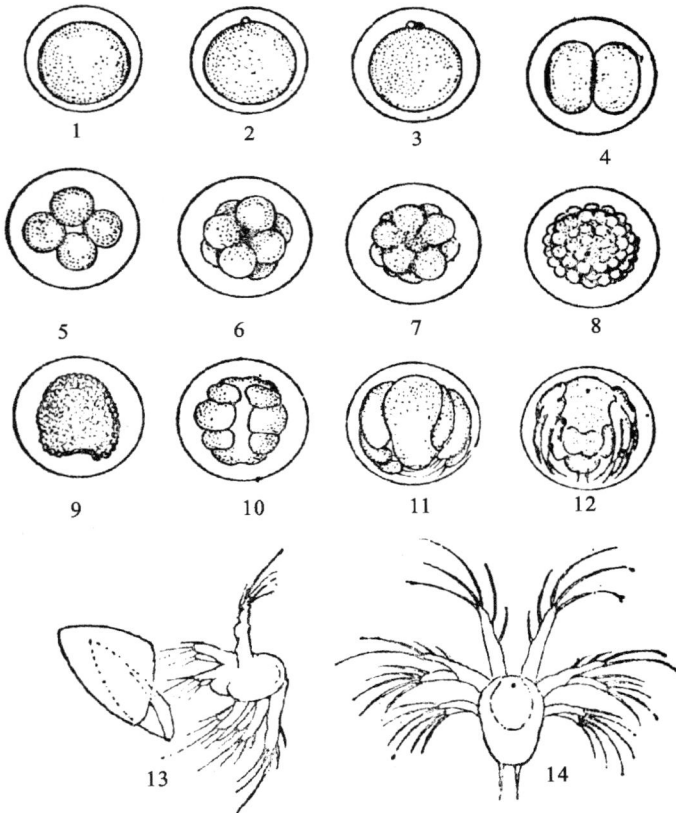

1~3.受精卵;4.2细胞期;5.4细胞期;6.8细胞期;7.16细胞期;8.囊胚期;9.原肠胚期;10.肢芽期;11~12.膜内无节幼虫期;13.孵化中的无节幼虫;14.无节幼虫

图9-5 中国对虾的胚胎发育模式图(引自楼允东,1999)

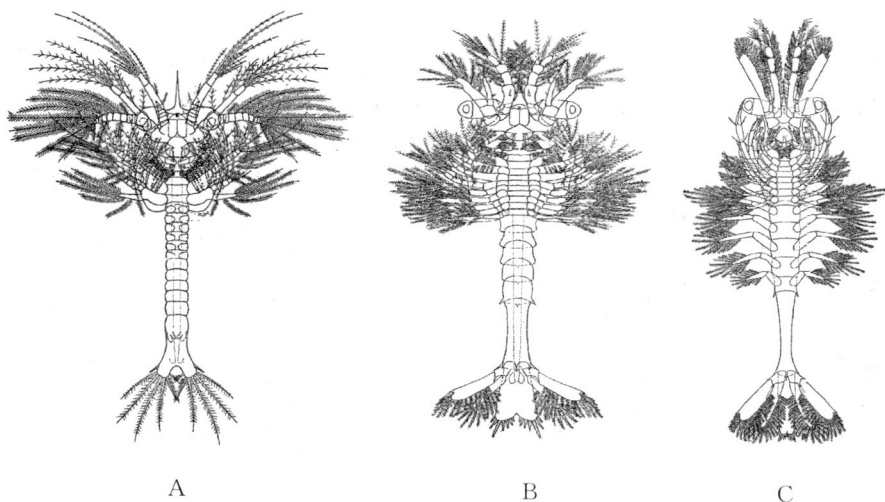

A. 第Ⅱ期溞状幼虫　B. 第Ⅰ期糠虾幼虫　C. 第Ⅰ期仔虾
图 9-6　中国对虾的幼虫及仔虾模式图(引自李霞等,1996)

7. 仔虾

观察仔虾固定标本。

仔虾个体较糠虾期长大,在腹面出现色素。单肢型的游泳足增长,并且在其末节长出羽状刚毛,从此游泳足作为运动的主要器官。仔虾要经过多次蜕皮发育。随着发育其尾节的后端逐渐窄于前端,最后变成尖锥形。晚期仔虾游泳足的内肢也逐渐长出来,但仍比外肢小很多(图 9-6C)。

五、课堂完成下列绘图作业

(1)中国对虾各期卵巢切面,显示不同期生殖细胞的结构特点。
(2)不同发育期胚胎,注意细胞的大小、排列及受精膜等。
(3)胚后发育的各期幼虫,注意描述各期幼虫主要的区分特征。

六、思考题

(1)与其他高等虾蟹类比较,对虾的发生有什么特点?
(2)一条对虾能否多次产卵? 其生物学依据是什么?

实验十　刺参的发生

一、实验目的

棘皮动物的胚胎和幼虫发育在动物界有一定的代表性,刺参又是重要海水养殖对象之一。本实验的目的是通过观察刺参的性腺发育切片和胚胎、幼虫标本,了解刺参性腺结构及胚胎发生的规律。

二、实验仪器与药品

光学显微镜、解剖镜、擦镜纸、二甲苯、香柏油、凹玻璃、胚胎皿、吸水纸、滴管等。

三、实验材料

刺参性腺发育切片,胚胎及幼虫固定标本。

四、实验内容

1.刺参性腺发育周期

观察刺参卵巢、精巢切片。

依据组织学观察,刺参的生殖腺发育可以分为以下 5 期:

(1)休止期:生殖腺细小,生殖上皮沿管壁分布。雄性为 1～3 层精原细胞或精母细胞组成,生殖上皮未出现褶皱;雌性由一层卵母细胞组成,卵径为 10 μm,生殖上皮未出现褶皱。

(2)增殖期:雄性生殖上皮显著增长,生殖管内出现许多大小不一的凹凸褶皱,并伸向管腔。生殖上皮由 1～2 层精母细胞组成,精子尚未形成。雌性生殖上皮进一步生长,在生殖管腔内有大小不一的凹凸褶皱,整个生殖腺横截面呈梅花瓣状。上皮由一层直径为 30～50 μm 的卵母细胞组成。卵母细胞的细胞核较大,有一个明显的核仁(图 9-1A～C)。

(3)生长期:雄性精母细胞增殖明显,由数层构成。生殖腺横切面上可见许多褶沟向管腔内侧迂回曲折。生殖上皮管腔侧有少数精子细胞,腔内有精子出现。雌性卵母细胞进一步长大,直径为 60～90 μm,已布满整个卵巢(图 9-2D)。

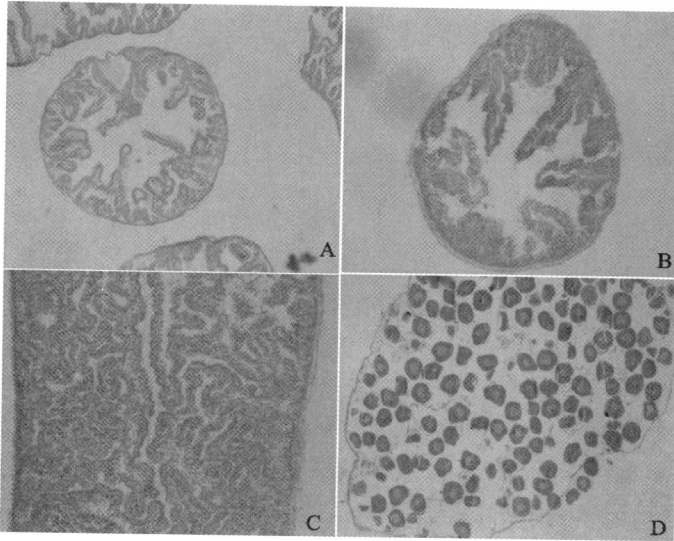

A. 增殖期卵巢横切　B. 增殖期精巢横切　C. 增殖期精巢纵切　D. 发育期卵巢横切

图 9-1　刺参性腺切面

（4）成熟期：生殖腺各分支肥大，精巢内充满精子。生殖上皮仍有许多精母细胞。雌性整个卵巢由直径 $110 \sim 130 \ \mu m$ 的卵母细胞填充。由于在卵巢中互相挤压，卵母细胞呈多边形，中央有一个大而圆的细胞核，核仁大而圆，十分明显。

（5）排放期：雄性由于精子的排放，精巢内出现空腔，但生殖上皮仍有一定的厚度，由许多精母细胞组成。雌性在排卵后的卵巢内，残存着许多仍未排出的成熟卵，以后会逐渐退化消失。

2. 早期胚胎发育

观察刺参早期发育胚胎。

（1）卵裂：属于完全均等卵裂，分裂球排列松散，分割腔非常明显。从动物极看，分裂球呈辐射状排列（图 9-2（1～4））。

（2）囊胚：刺参的囊胚具有一个宽大的囊胚腔。囊胚表面具有纤毛，可在卵膜内转动。晚期的囊胚由于胚轴拉长而略呈椭圆形。

（3）原肠胚：原肠作用以内陷为主，具有明显的原肠和胚孔。早期原肠胚的原肠较短，往后随着胚轴的拉长，原肠也伸长。在中期原肠腔内可见到一些多角形的间充质细胞自原肠顶壁分化出来，填充于囊胚腔中，晚期原肠胚的原肠顶壁弯向腹面，与外胚层下陷的口凹相遇（图 9-2（5））。

3. 幼虫发育

观察刺参幼虫固定标本。

(1)耳状幼虫。

1)小耳状幼虫:具有口前臂、口后臂及口前环、肛前环,消化道明显分为口、食道、胃、肠及肛门(图9-2(6))。从侧面可看到左前体腔和孔管伸向幼虫的背面(图9-2(7))。

2)中耳幼虫:6对幼虫臂已先后出现;左前体腔较前膨大,切面观呈椭圆形或半月形,位于食道与胃交界处的左外侧。晚期中耳幼虫从左前体腔向胃的左边分离出一个长囊,称为左后体腔;右后体腔还不明显或尚未发生。

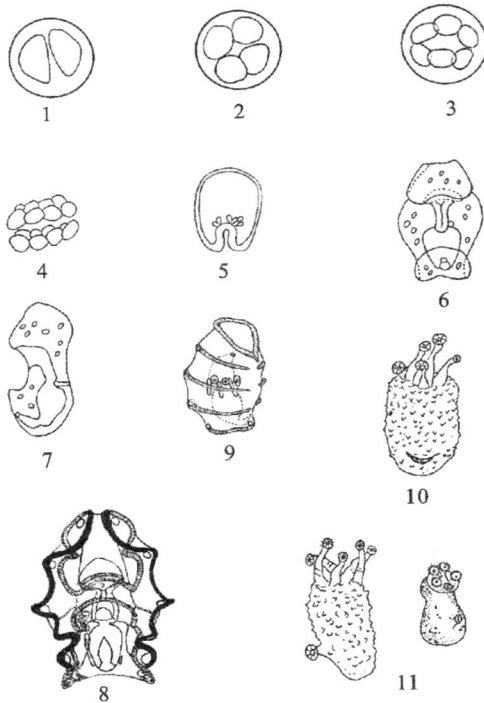

1.2细胞期;2.4细胞期;3.8细胞期;4.16细胞期;5.原肠胚;6.小耳幼虫;7.小耳幼虫侧面观;8.大耳幼虫;9.樽形幼虫;10.五触手幼虫;11.稚参

图9-2　刺参胚胎发育模式图(引自缪国荣等,1990)

3)大耳幼虫:6对幼虫臂非常发达,在幼虫臂的弯曲处有的已出现卵圆形的幼虫骨片或球状体。左前体腔拉长呈半环状或香肠状。较晚期的大耳幼虫可见到从左前体腔的外侧壁先后凸出初级口触手芽突和辐水管芽突。右后体腔已很明显,但比左后体腔小很多(图9-2(8))。

（2）樽形幼虫：又称为桶形幼虫，个体大约只有大耳幼虫的一半。外部形态的主要特征是身体具有 5 条不连续的纤毛环。口前外胚层加厚下陷为口前庭。部分个体仍可观察到卵圆形的幼虫骨片或球状体。由于这时幼虫失去透明，内部器官看不清楚(图 9-2(9))。

（3）五触手幼虫：个体比樽形幼虫略大，5 个初级口触手已伸出口前腔(前庭)，纤毛环逐渐退化以至完全消失(图 9-2(10))。

4. 稚参

观察稚参固定标本。稚参的主要特征是在幼虫的后腹面长出一个较粗大的管足。身体的背面长出许多棘刺状突起，称为肉刺或疣足(图 9-2(11))。

五、课堂完成下列绘图作业

（1）不同发育期刺参精巢、卵巢组织结构，注意区分不同发育期生殖细胞。

（2）刺参早期胚胎发育，包括卵裂期的分割胚、囊胚、原肠胚等。

（3）刺参胚后发育的各期幼虫，注意主要区分特征。

六、思考题

（1）刺参的发生有什么特点与规律？

（2）水系腔是如何发生、发展的？在实际的育苗过程中，水系腔的出现有什么指导作用？

实验十一　硬骨鱼类的发生

一、实验目的

各种硬骨鱼类的形态发生都有共同点。本实验目的通过观察不同硬骨鱼类的性腺及胚胎发育切片、胚胎和仔鱼标本等,掌握鱼类个体发生、发育的规律。

二、实验仪器与药品

光学显微镜、解剖镜、擦镜纸、二甲苯、香柏油、凹玻璃、胚胎皿、吸水纸、滴管等。

三、实验材料

不同鱼类的性腺切片;鲤鱼、白鲢鱼原肠胚切片;白鲢鱼、鲤鱼、六线鱼(*Hexagrammos otakii*)仔鱼切片;白鲢鱼、真鲷胚胎及仔鱼标本。

四、实验内容

1. 卵子的发生与卵巢发育分期

观察真鲷、泥鳅(*Misgurnus anguillicaudatus*)、白鲢、鲤鱼等卵巢切片。

(1)卵子的发生:卵子的发生可以分为以下几个阶段。

1)第Ⅰ时相:卵原细胞阶段。卵原细胞的体积小、胞质少,具有明显的细胞核。核中间具有1~2个核仁(图11-1A)。

2)第Ⅱ时相:为小生长期的初级卵母细胞阶段。细胞为不规则多角状,胞质嗜碱性。核仁多个,沿核膜内侧分布。卵母细胞外有一层滤泡细胞。在较早阶段的卵母细胞质中,可观察到一个嗜碱性的团块状结构,为卵黄核(图11-1B)。

3)第Ⅲ时相:为进入大生长期的卵母细胞阶段。细胞个体较大,膜较厚。卵膜外有2层滤泡细胞。卵子的皮层出现一层小液泡(皮质颗粒),其数目随卵子的发育而增加。胞质中出现卵黄颗粒,嗜酸性逐渐增强。核膜开始变得凹凸不平(图11-1B)。

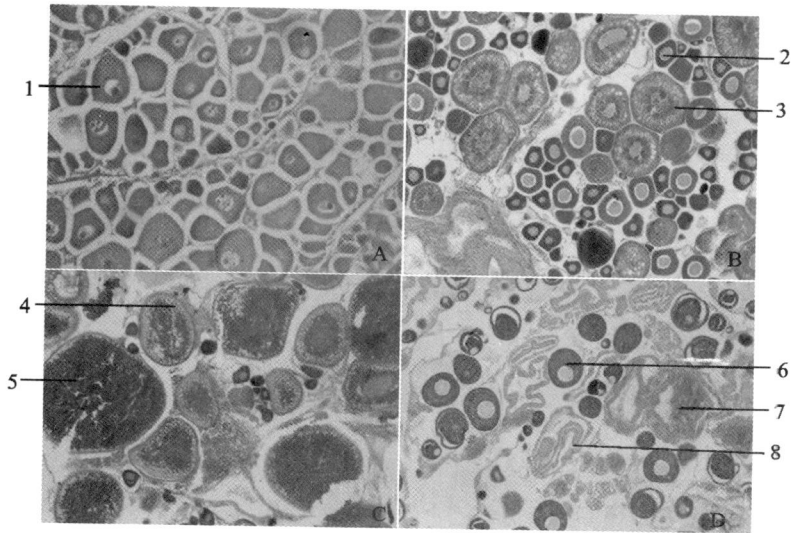

1.第Ⅰ时相卵母细胞;2.第Ⅱ时相卵母细胞;3.第Ⅲ时相卵母细胞;4.第Ⅵ时相卵母细胞;
5.第Ⅴ时相卵子

A. 真鲷Ⅰ期卵巢　B. 鲫鱼Ⅱ～Ⅲ卵巢　C. 泥鳅Ⅳ～Ⅴ卵巢　D. 白鲢鱼Ⅵ期卵巢

图 11-1　硬骨鱼类卵巢切面

4)第Ⅳ时相:发育晚期的初级卵母细胞阶段。卵子体积增大,辐射状的卵膜增厚(图 11-2),卵黄颗粒几乎充满核外空间,仅在核膜周围及近卵膜处有较多的卵质分布。细胞核开始由中央向动物极移动(所谓"极化"现象)。卵质也随核移动。与此同时,核仁逐渐溶解、消失(图 11-1C;图 11-3)。

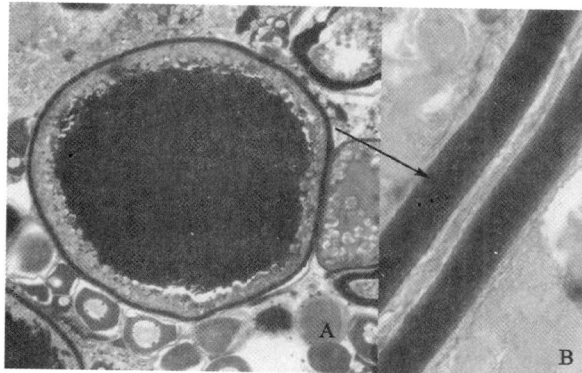

A. 第Ⅵ时相卵母细胞卵膜　B. 卵膜放大图像(箭头示卵膜)

图 11-2　鲤鱼辐射状卵膜

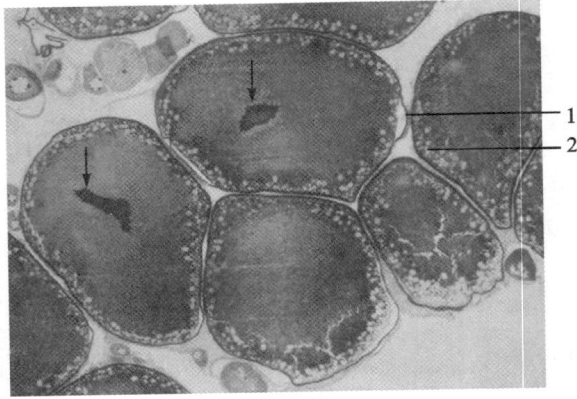

1.卵膜;2.液泡

图 11-3　处于极化过程中的白鲢鱼卵母细胞(箭头示细胞核)

5)第Ⅴ时相:由初级卵母细胞过渡到次级卵母细胞的阶段,最后卵子的核相处于第二次成熟分裂中期。卵母细胞生长到最大体积,胞质内充满粗大的卵黄颗粒,在生长过程中它们相互融合成块状。液泡 2~3 层,被挤到皮层边缘。此时卵子已成熟,开始进行排卵和产卵(图 11-1C)。

(2)卵巢发育分期:根据卵巢形态特点及卵母细胞的发育状况,把鱼类卵巢发育分为 6 期。

1)Ⅰ期卵巢:细线状,外观不能分辨雌、雄。切片观察,卵巢内主要以第Ⅰ时相的卵原细胞为主。卵巢腔不明显,血管和结缔组织不发达(图 11-1A)。

2)Ⅱ期卵巢:扁带状,出现血管,呈浅粉色或浅黄色。卵巢内以第Ⅱ时相的卵母细胞为主。血管和结缔组织发达。

3)Ⅲ期卵巢:黄白色,肉眼可辨卵粒。卵巢内以第Ⅲ时相的卵母细胞为主,血管发达(图 11-1B)。

4)Ⅳ期卵巢:淡黄色或粉红色,肉眼可见卵粒饱满。卵巢内以第Ⅳ时相的卵母细胞为主。

5)Ⅴ期卵巢:发育到第Ⅴ时相的成熟卵子内排到卵巢腔内,轻轻挤压就有卵子从生殖孔流出。卵巢内有Ⅱ~Ⅳ相的卵母细胞(图 11-1C)。

6)Ⅵ期卵巢:体积缩小,松软,血管丰富,紫红色。卵子产出后,卵巢内有大量的空滤泡,还有发育早期的卵母细胞(图 11-1D)。

2.精子的发生与精巢发育分期

观察白鲢、草鱼(*Ctenopharyngodon idellus*)、鲤鱼等精巢切片。

(1)精子的发生:在鱼类精子的发生过程中,存在以下几种类型的细胞(图

11-4）。

1）精原细胞：细胞呈圆形，体积较大，直径为 9～15 μm，核质比较高。细胞质弱嗜碱性，着色浅。

2）初级精母细胞：由精原细胞转化而来。细胞呈圆形或椭圆形，直径比精原细胞小，平均为 4.0～5.5 μm。核染色质丰富，染色深，核仁不明显。

3）次级精母细胞：由初级精母细胞经过第一次分裂形成。胞体呈圆形，个体较小，直径为 3.5～4.0 μm。胞质少，染色浅，核嗜碱性增强。次级精母细胞的存在时间非常短，紧接着进入第二次成熟分裂。

4）精子细胞：个体小，无明显的细胞质，强嗜碱性的细胞核占据了细胞的整个空间。精子细胞的平均直径为 2.5 μm。

5）精子：精巢中个体最小的细胞。多数鱼类的精子分为头部、颈部与尾部 3 部分，头部的直径一般为 1～2.5 μm，圆形。白鲢鱼精子头部直径为 2.2～2.5 μm，颈部长约 1.1 μm，尾部长约 35 μm。

（2）精巢发育分期：根据外部形态与组织结构特点，将白鲢鱼精巢发育分为以下几个时期。

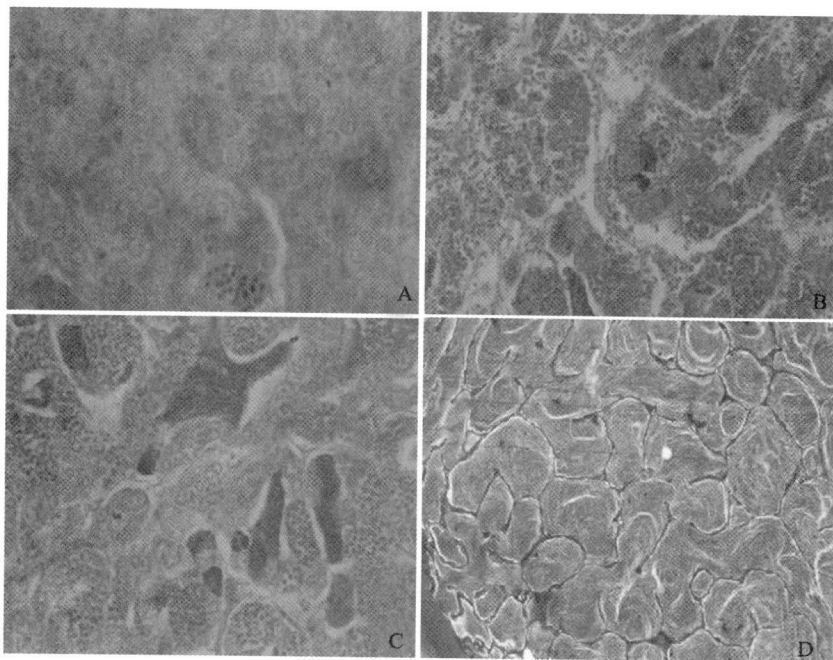

A. 白鲢Ⅱ期　B. 白鲢Ⅲ期　C. 草鱼Ⅳ期　D. 鲤鱼Ⅴ期

图 11-4　硬骨鱼类精巢切面

1) Ⅰ期精巢:细线状,贴在腹腔壁上,不能分辨雌、雄。精巢内主要为分散的精原细胞。

2) Ⅱ期精巢:细线状,浅灰色,血管不明显。精巢内精小叶无腔隙。小叶间有结缔组织。精原细胞的数量明显增多(图11-4A)。

3) Ⅲ期精巢:性腺呈圆柱状,血管发达,粉红色。精巢内精小叶出现空腔,初级精母细胞单层或多层排列(图11-4B)。

4) Ⅵ期精巢:乳白色,表面血管可辨。挤压腹部有白色精液流出。精小叶由初级精母细胞、次级精母细胞、精子细胞和精子组成(图11-4C)。

5) Ⅴ期精巢:轻压腹部,就会有大量精液流出。精小叶的空腔扩大,腔中充满成熟精子,小叶壁有少量发育早期的细胞(图11-4D)。

6) Ⅵ期精巢:体积缩小,呈淡红色。精巢内的大部分精子已排出,小叶中留有少量精子。小叶壁有少量精原细胞和精母细胞。

3. 硬骨鱼类的胚胎与仔鱼发育

(1)观察白鲢鱼的胚胎、仔鱼发育标本。

1)受精卵:受精后 30 min,原生质向动物极集中形成隆起的胚盘(图11-5(1,2))。

2)分割胚:盘状卵裂,可观察到 2 细胞、4 细胞、8 细胞、16 细胞、32 细胞时期的分割胚。注意分割球的排列规律(图11-5(3~11))。

3)囊胚:较早期的囊胚,又称为高囊胚,受精后 2.5 h。分裂球很小,细胞界限不清,囊胚层(胚盘)高耸在卵黄球的上面。囊胚腔狭窄。较晚期的囊胚,又称为低囊胚,受精后 5 h。囊胚表面的细胞向卵黄部分下包,囊胚逐渐变扁(图11-5(12~15))。

4)原肠胚:早期原肠胚,受精后 6.5 h,胚盘下包约 1/2,出现胚环。中期原肠胚,受精后 7.5 h,胚盘下包 2/3,出现胚盾。晚期原肠胚,受精后 9.5 h,胚盘下包 3/4。侧面观胚胎背面即胚盾较隆起,背唇处呈缺刻状或新月形(图11-5(16~18))。

5)神经胚:受精后 10 h,胚盘下包 4/5 左右,神经板明显(图11-5(19~20))。

6)胚孔闭合期:受精后 11.5 h,胚孔闭合,神经板中线略下凹,脊索呈柱状(图11-5(21~23))。

7)体节出现期:受精后的 12.5 h,在胚体中部出现 2 对体节,神经板头端隆起(图11-5(24))。

8)眼囊期:受精后 15~16 h,在头部出现椭圆形的眼囊和前、中、后脑的雏形。体节 7~10 对,胚体的后端形成末球(图11-5(25~28))。

9)尾芽期:受精后 16.5 h。体节增多到 15 对左右,在胚体的后端出现尾芽,有些个体的眼囊已开始内陷成眼杯。比较晚期者在后脑两侧出现耳囊(图11-5(29))。

10)晶体出现期:受精后 17.5 h,在眼杯中出现圆形的晶体。在耳囊下方出现长椭圆形隆起,为鳃板。尾与胚体的长轴呈锐角。体节 24~25 对(图 11-5(30))。

11)肌肉效应期:受精后 20 h,胚体出现轻微的肌肉收缩现象。此时眼杯内晶体清晰,中脑膨大成两半球状,在其后方出现第 4 脑室,后脑已分化为小脑和延脑两部分。耳囊部位于延脑两侧。在头部的腹面和前端可见到口板和嗅凹;在尾部出现奇鳍褶(图 11-5(31))。

12)心跳期:受精后 25.5 h,心脏位于卵黄囊前端脊索前下方,呈管状,开始微弱跳动,继而加强。脊索纵贯于胚体背部,清亮、明显。在眼杯的后复缘有一个裂缝,即为脉络裂缝。在耳囊中出现一对发亮的小颗粒,为钙质的耳石(图11-5(32~34))。

13)出膜前期:受精后 28 h,尾略向背方举起,胚胎在卵膜内转动。泄殖腔出现。体节 38—39 对(图 11-5(35))。

14)刚孵出的仔鱼:受精后 31~32 h,胚胎破膜而出。仔鱼全身无色素,在耳囊下方有三块鳃板。体节约为 40~42 对。侧线已自前向后延伸到第 11 对体节处。头部仍然弯曲向腹面,中脑和小脑比约为较发达(图 11-5(36~38))。

15)眼球色素出现期:受精后 40 h,眼球腹面内侧出现一对黑色素斑点,又称眼点期。侧线原基向后伸展到 25 对体节处,胸鳍略向两侧隆起(图11-5(39))。

16)循环期:受精后 64.5 h,口开启,心脏弯曲,血流清晰可见。胸鳍扁铲状伸向后侧方。心脏和总主静脉中充满血球,血液淡红色(图11-5(40))。

17)体色素出现期:受精后 72.5 h,泄殖腔后的体节下方出现少量的色素细胞。肝脏出现,下颌可动,鳃丝出现,血液深红色。仔鱼从腹部贴于水底,不再侧卧,游泳能力增强(图11-5(41))。

18)鳔形成期:受精后 96.5 h,眼杯由于色素增多而变成黑色。在胸鳍附近可见到充气的鳔后室。胸鳍呈扇形伸向身体两侧。此时仔鱼已能平衡游泳。体节 46~48 对(图11-5(42))。

19)肠管建成期:受精后 125.5 h,身上色素细胞增多,鳃盖形成,消化道贯通,能主动摄食。鳔充气,扩大如球状。仔鱼运动能力很强,可作长时间游泳(图11-5(43))。

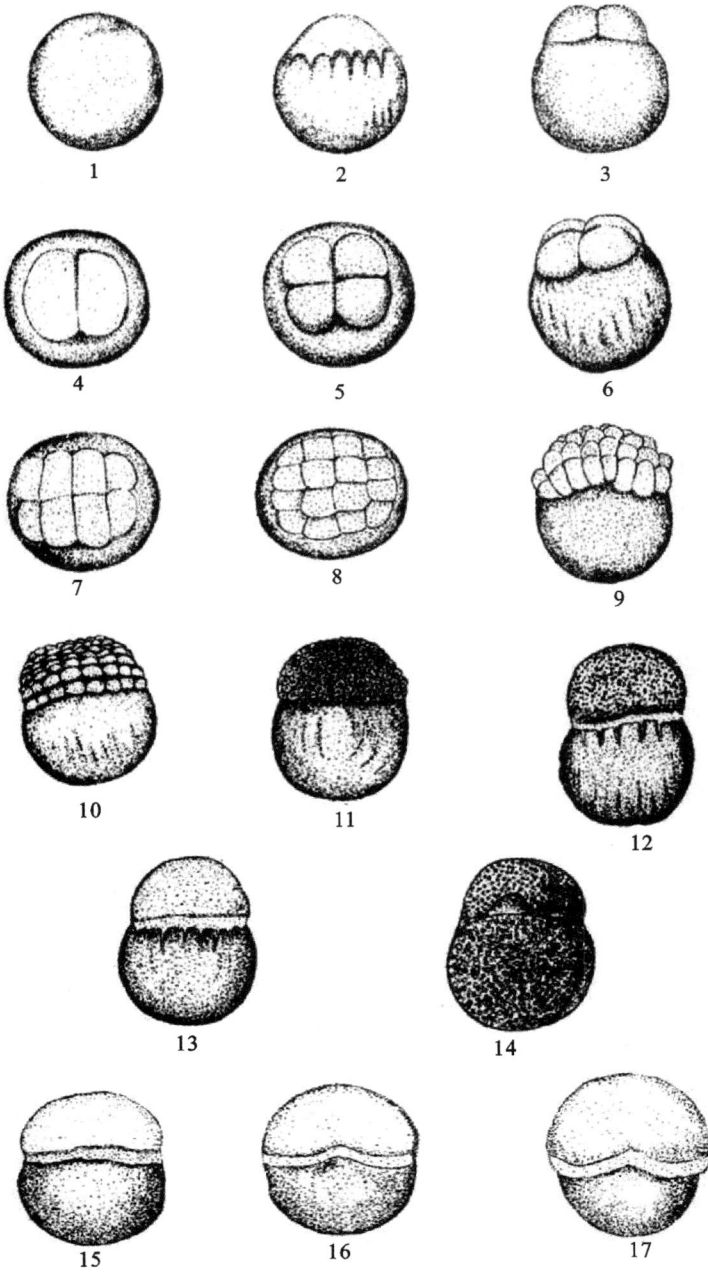

图 11-5 鲢鱼胚胎及仔鱼发育图谱(一)(引自楼允东,1999)

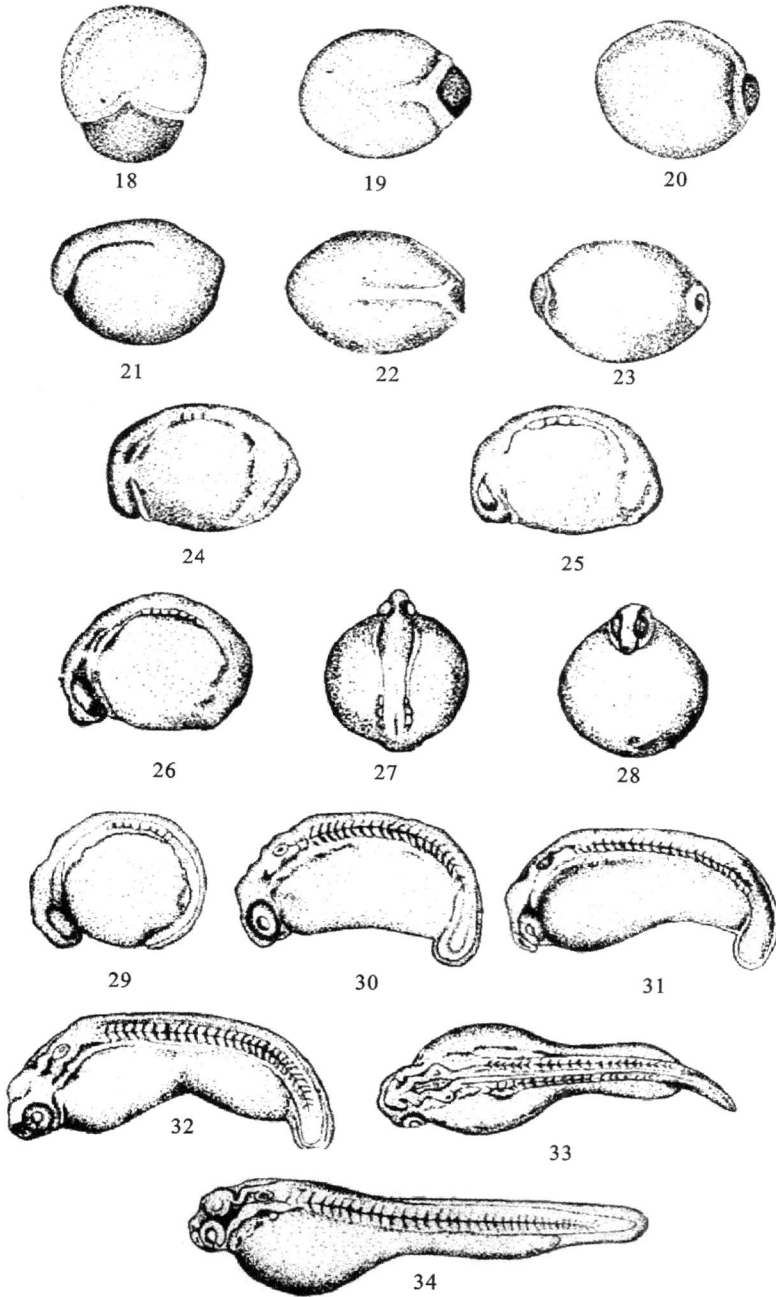

图 11-5　鲢鱼胚胎及仔鱼发育图谱(二)(引自楼允东,1999)

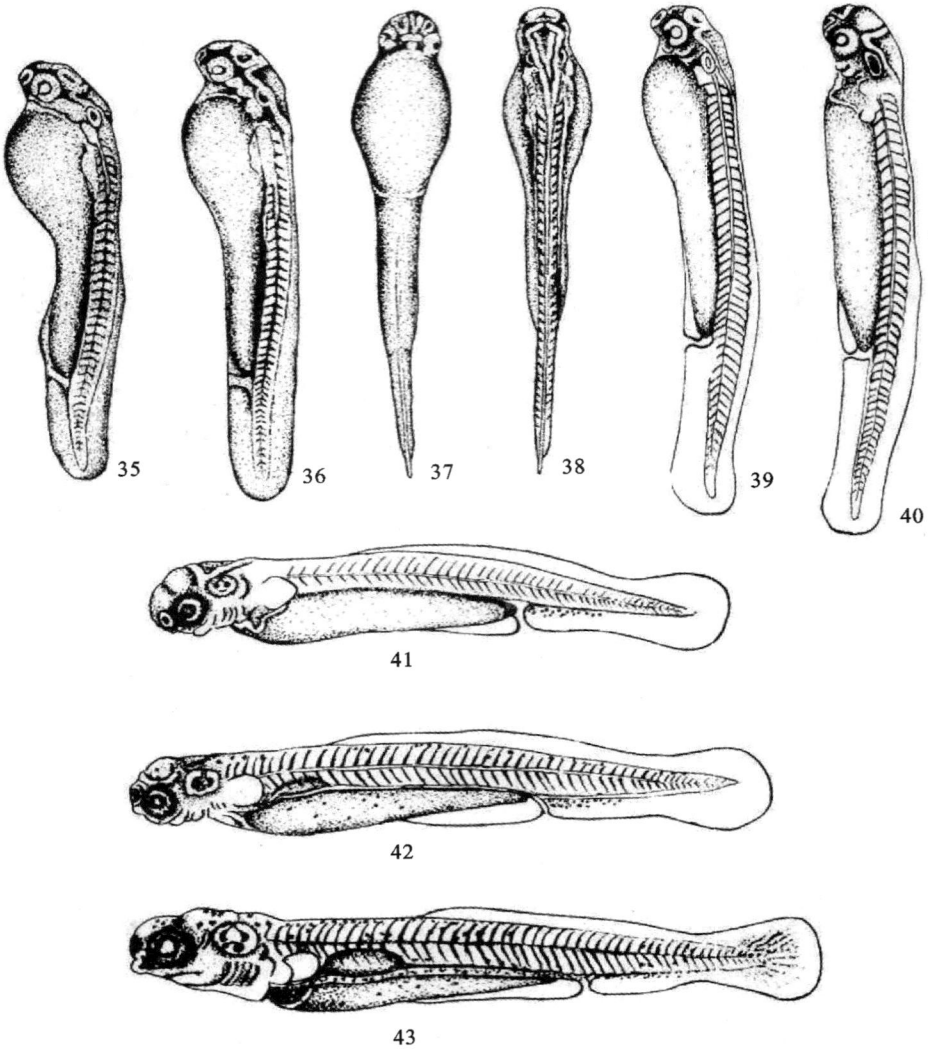

1.刚受精卵;2.胚盘隆起;3～4.2细胞期;5～6.4细胞期;7.8细胞期;8.16细胞期;9.32细胞期;10.64细胞期;11.卵裂后期;12.囊胚早期;13～14.囊胚中期;15.囊胚后期;16.原肠胚早期;17.原肠胚中期;18.原肠胚后期;19～20.神经胚期;21～23.胚孔闭合期;24.体节出现期;25.眼基出现期;26～28.眼囊期;29.尾芽期;30.晶体出现期;31.肌肉效应期;32～33.心脏出现期;34.心跳期;35.出膜前期;36～38.出膜期;39.眼球色素出现期;40.循环期;41.体色素出现期;42.鳔形成期;43.肠管建成期

图 11-5　鲢鱼胚胎及仔鱼发育图谱(三)(引自楼允东,1999)

（2）观察六线鱼、鲤鱼、白鲢鱼等初孵仔鱼横切片。

可以明显观察到脑、脊索、眼、口咽腔、消化系统及卵黄囊等。脑位于仔鱼背面，不同部位其形态结构有差异。眼位于间脑两侧，晶状体位于视杯内。视杯外层为黑色素层，内层为视网膜层（图 11-6A）。口咽腔是消化管前端最宽大的部分，可观察到鳃弓与鳃裂（图11-6B）。食道是消化管中最细的部分（图 11-6C），胃腔扩大，胃旁为索状的肝组织，内有血窦等（图 11-6D）。另可观察到一些圆形或长椭圆形的管腔，为肠（图 11-6D，E）。在仔鱼后段切片中，肌肉、鳍膜明显可见（图 11-6E，F）。

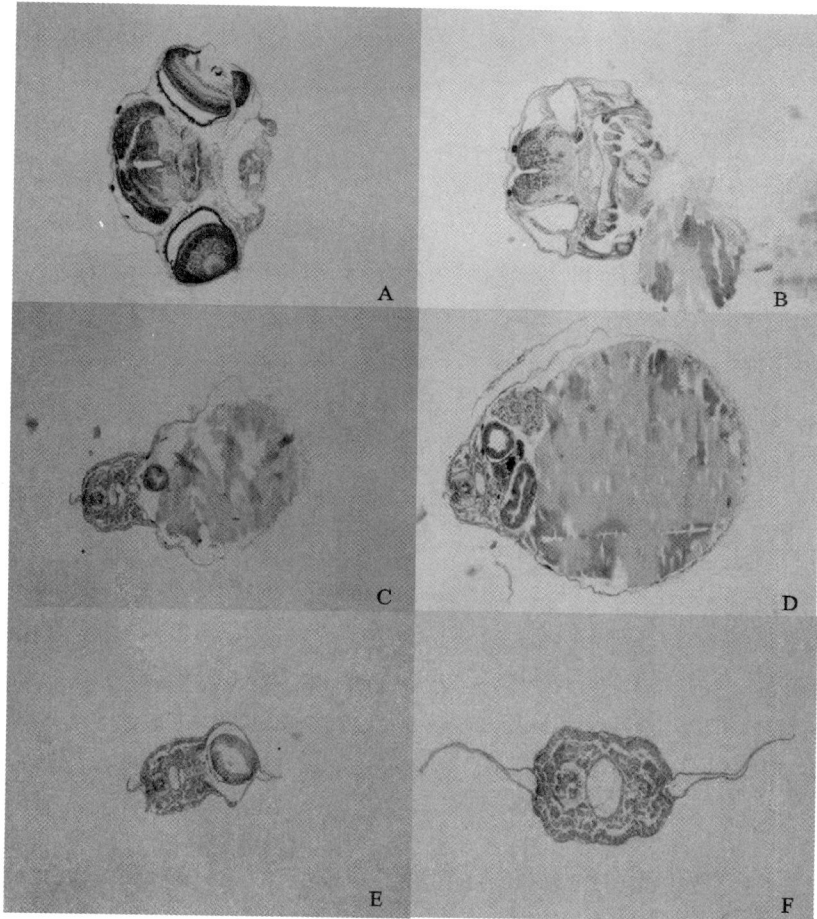

A. 经过脑、眼的横切面　B. 经过脑、咽及鳃的切面　C. 经过食道、卵黄囊的切面　D. 经过消化道、肝脏、卵黄囊的切面　E. 经过脑、肠的切面　F. 经过脊髓、脊索的切面

图 11-6　六线鱼初孵仔鱼横切面

（3）真鲷胚胎及仔鱼发育图谱（图 11-7）与时刻表（表 11-1）。

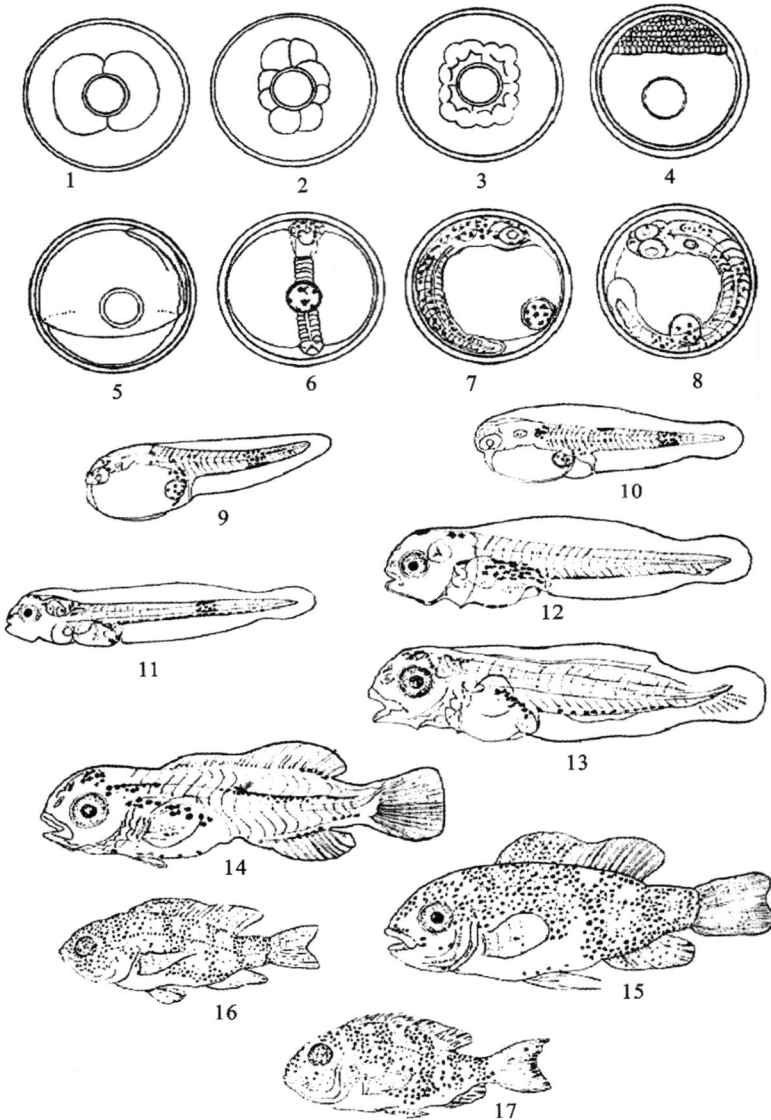

1.2 细胞期；2.8 细胞期；3.16 细胞期；4. 桑葚胚；5. 胚原基出现；6. 色素细胞出现；7. 胚体占卵膜一半以上，背面色素细胞增多；8. 孵化前胚胎；9. 初孵仔鱼；10. 孵化后 2～3 d 仔鱼；11. 孵化后 4～5 d 仔鱼；12. 孵化后 14～16 d 仔鱼；13. 孵化后 19 d 仔鱼；14. 孵化后；22 d 仔鱼；15. 孵化后 30 d 幼鱼；16. 孵化后 2 个月幼鱼；17. 孵化后 4 个月幼鱼

图 11-7　真鲷胚胎及仔鱼发育图谱（引自缪国荣等，1990）

表 11-1 真鲷胚胎发育时刻表（18.5～19.4℃）（引自缪国荣等,1990）

发育时间	受精后时间	受主要外部形态特征
受受精卵	0:00	卵膜吸水膨胀,出现卵周隙
2 细胞期	1 h00 min	第一次分裂
4 细胞期	1 h22 min	第二次分裂
8 细胞期	1 h43 min	第三次分裂
16 细胞期	2 h04 min	第四次分裂
32 细胞期	2 h18 min	第五次分裂
64 细胞期	2 h37 min	第六次分裂
128 细胞期	2 h54 min	第七次分裂
多细胞期	3 h10 min	细胞明显变小
桑葚胚期	4 h30 min	细胞更小
高囊胚期	6 h00 min	细胞分不清,胚盘高耸于卵黄之上
低囊胚期	9 h00 min	胚盘变低呈扁平帽状覆盖在卵黄上
原肠早期	12 h30 min	胚盘下包,形成胚环、胚盾
原肠晚期	15 h30 min	胚盘下包超过 1/2
胚孔闭合期	17 h00 min	继续下包,胚孔将闭合
视囊期	22 h00 min	视囊和克氏囊出现,肌节 7～8 对
听板期	23 h30 min	脑分化,听板明显,色素增多
尾芽期	24 h40 min	肌节 11～20 对,尾芽出现
心动期	27 h30 min	心脏开始跳动,胚胎转动
孵化前期	30 h00 min	头尾相距 1/4,胚体环抱卵黄 3/4
孵化期	30 h02 min	胚体剧烈转动,头尾相距 1/6,胚体环抱卵黄 5/6

五、课堂完成下列绘图作业

(1)所观察到的硬骨鱼类精子、卵子的形态。
(2)不同发育期卵巢的形态,尤其区分不同发育期生殖细胞。
(3)胚胎发育过程,包括卵裂、囊胚、原肠胚、孵化前胚胎等。
(4)初孵仔鱼的形态。
(5)发育后期仔鱼的形态。

六、思考题

(1)硬骨鱼类早期胚胎发育有什么特点?
(2)硬骨鱼类的产卵方式有几种?在生产实践中有何指导意义?

第三部分
研究型实验

实验十二　文蛤吸虫寄生病的组织病理学观察

一、实验目的

由于水产动物生存的环境特别复杂,常常受到微生物、寄生虫等病害生物的入侵,由此破坏了养殖动物正常的组织结构,导致了生理机能的改变。这些改变给水产养殖业均造成了不同程度的损失,严重者甚至会导致大规模死亡现象的发生。因此,组织病理学的变化一直是水产医学的主要研究内容之一。本实验通过观察组织病理切片,了解吸虫寄生时文蛤各器官组织所发生的病理变化,为水产医学及相关性研究奠定基础。

二、实验仪器与药品

光学显微镜、擦镜纸、二甲苯、香柏油。

三、实验材料

文蛤复殖吸虫寄生病的组织病理切片,文蛤正常器官组织切片。

四、实验内容

显微镜下比较观察正常文蛤、患病文蛤的各器官组织切片。

1. 文蛤体壁的组织病理变化

健康贝体壁组织较厚,由上皮层、肌肉层及结缔组组织构成。上皮细胞排列整齐、规则,肌肉层结构致密,结缔组织填充在肌纤维之间(图 12-1A)。患病贝体壁变薄。上皮层消失,肌肉层断裂、溶解,仅有少量肌纤维存在,排列紊乱(图 12-1B)。

2. 性腺的结构与组织病理变化

健康贝的生殖滤泡呈规则的囊状,内部充满了发育期的卵母细胞(图 12-2A)。吸虫感染者,生殖滤泡呈不规则状,结缔组织减少,卵母细胞发育滞后,数量减少;严重者,性腺完全被吸虫侵噬,生殖滤泡与结缔组织消耗殆尽(图 12-2B)。

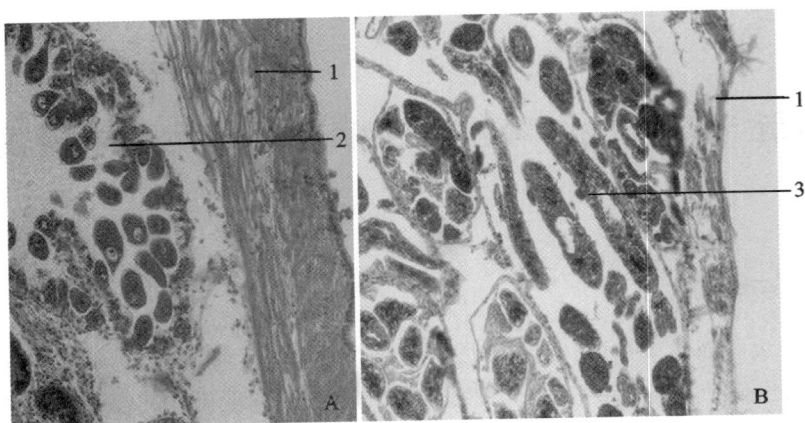

1. 体壁；2. 性腺；3. 吸虫
A. 健康贝体壁 B. 病贝体壁

图 12-1 体壁切面

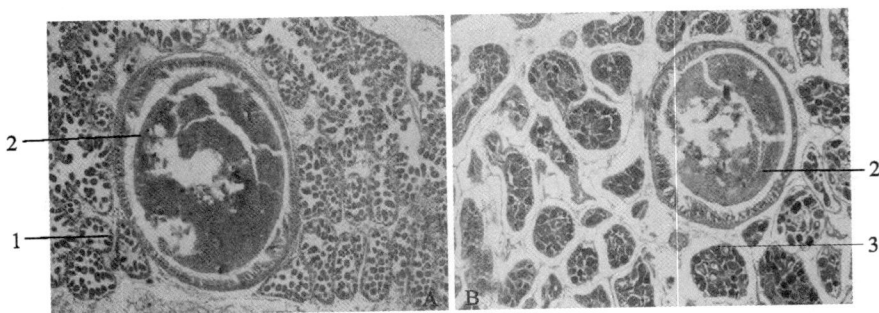

1. 性腺；2. 消化道；3. 吸虫
A. 正常性腺 B. 感染吸虫的性腺

图 12-2 性腺切面

3. 鳃的组织结构与组织病理变化

健康贝鳃丝排列整齐、规则，由鳃上皮、结缔组织构成。上皮间夹杂有少量黏液细胞（图 12-3A）。吸虫寄生者，鳃丝结缔组织内血淋巴细胞增多并浸润组织；严重者，鳃腔及鳃丝丝间隔扩大，上皮细胞排列紊乱，出现肿胀或脱落现象，黏液细胞增多（图 12-3B）。在鳃结缔组织内，可见大量血淋巴细胞包裹寄生虫形成包囊结构（图 12-4）。

4. 消化盲囊的组织结构及病理变化

健康贝消化盲囊腺泡结构规则，细胞形态清晰（图 12-4A）；吸虫感染者，周围腺泡因吸虫的挤压而呈不规则状，上皮肿胀；血淋巴细胞增生、浸润组织（图

12-5B)。

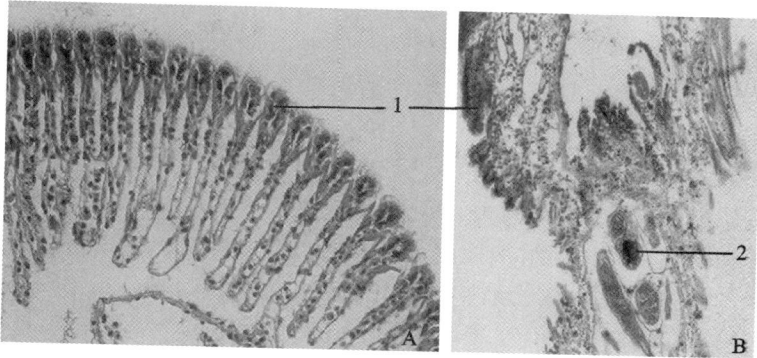

1. 鳃丝；2. 吸虫

A. 正常鳃组织　B. 感染吸虫的鳃组织结构

图 12-3　鳃切面

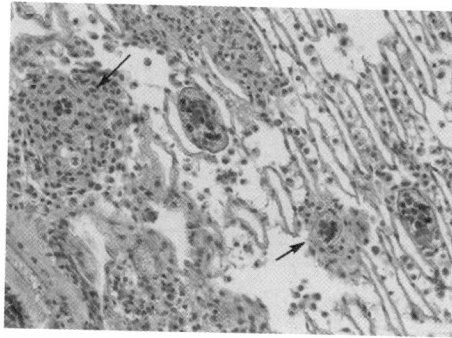

图 12-4　寄生虫感染时鳃组织形成的包囊（箭头示包囊）

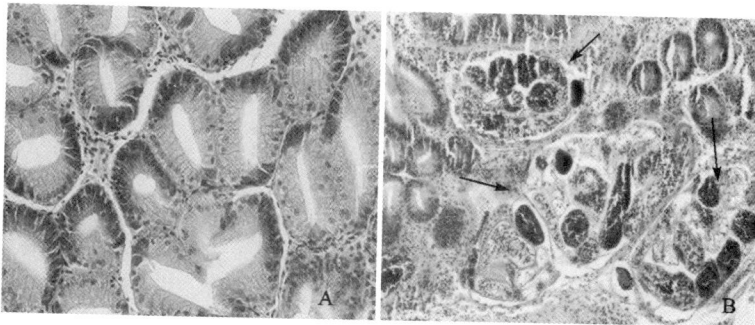

A. 正常组织结构　B. 吸虫感染后的组织结构（箭头示寄生虫）

图 12-5　消化盲囊切面

5. 消化管的组织结构及病理变化

消化道内并没有发现吸虫直接感染,但由于周围器官组织的感染,导致消化道也呈现明显的病理学变化。健康贝消化管壁由规则排列的纤毛柱状上皮、肌纤维及结缔组织组成(图 12-1A)。病贝消化管上皮结构紊乱,细胞肿胀,纤毛脱落,结缔组织内血淋巴细胞增生、组织浸润;严重者,细胞脱落甚至解体(图 12-1B)。

6. 肾的组织结构及病理变化

肾组织由上皮和结缔组织构成(图 12-6A)。吸虫主要寄生在结缔组织内,数量较少。寄生部位血淋巴细胞数量增加并形成包囊(图 12-6B)。肾上皮肿胀,部分脱落甚至溶解。

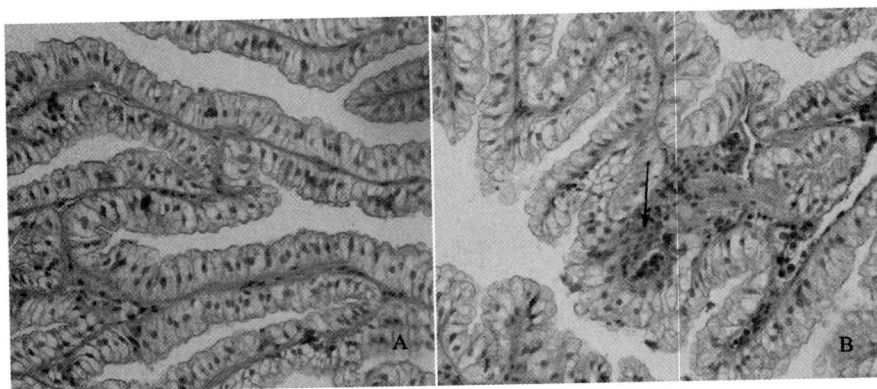

A. 正常肾组织　B. 感染肾组织(箭头示寄生虫)

图 12-6　肾组织切面

7. 外套膜的组织结构及病理变化

外套膜组织由上皮层、结缔组织及少量肌纤维构成。健康贝上皮组织排列整齐、规则(图 12-7A)。患病贝外套膜组织内未发现吸虫大量寄生,但由于受其他器官组织感染寄生虫的影响,组织病理变化也非常明显。严重者,上皮脱落、溶解,结缔组织、肌纤维等变少,甚至溶解成为空洞的现象(图 12-7B)。

8. 足及闭壳肌的组织结构及病理变化

足与闭壳肌是肉质器官,肌纤维排列规则、紧密。在患病贝中,仅靠近性腺及消化盲囊处的足组织中发现有寄生虫感染(图 12-8),其他部位的足及闭壳肌中均未发有吸虫存在。但二者肌纤维均出现结构疏松、排列紊乱现象,同时伴有血细胞增多与组织浸润等(图 12-9)。

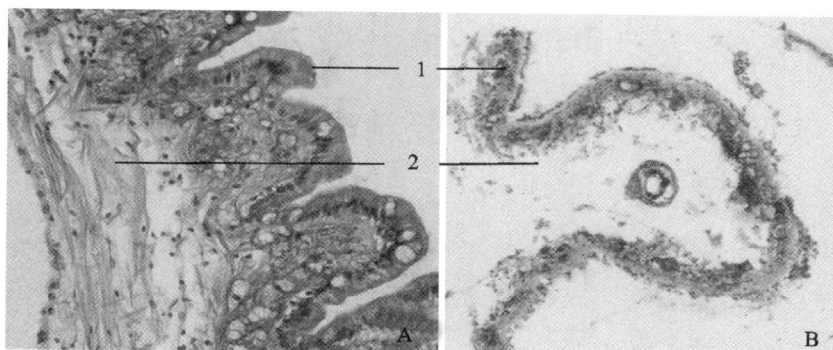

1. 上皮组织；2. 结缔组织

A. 正常组织结构 B. 病贝外套膜组织结构

图 12-7　外套膜组织

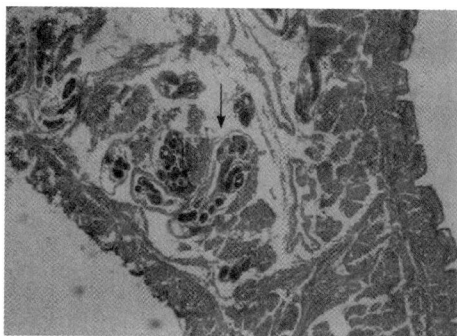

图 12-8　近内脏团处足纵切面（箭头示吸虫）

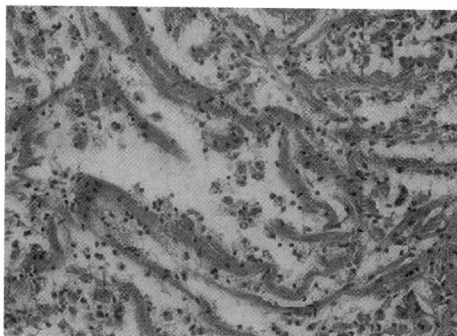

图 12-9　患病贝闭壳肌纵切

五、思考与探究

(1)通过实验观察,该寄生虫主要寄生在文蛤的什么部位? 有什么危害?

(2)与正常器官组织相比较,病贝的病理变化主要表现在哪些方面? 由此导致的生理变化是什么?

(3)除了吸虫之外,养殖贝类还容易感染哪些病害生物? 在生产实践过程中,应如何避免病害的发生?

实验十三　栉孔扇贝受精过程的细胞学观察

一、实验目的

成熟的雌、雄生殖细胞必须经过受精作用形成合子后才能开始进一步发育。本实验的目的是通过观察栉孔扇贝的受精过程,了解精、卵结合时的形态变化和合子形成的一般过程。

二、实验仪器与药品

(1)光学显微镜、烧杯、滴管、载玻片、盖玻片、培养缸、充气机、擦镜纸、吸水纸等。

(2)Caroy's 固定液、铁-苏木精染液、45%醋酸(用于分色)。

三、实验材料

成熟期的栉孔扇贝,雌、雄各数个。

四、实验内容

1. 诱导精卵排放,获取不同发育期的受精卵

选择性腺发育饱满的雌、雄亲贝,利用阴干刺激、升温刺激等方法,分别使其排放精、卵。将精、卵过滤后按一定比例进行混合受精(温度为 19.0℃)。用 Caroy's 固定液固定不同发育期的受精卵(受精后 2 h 内)。待卵子沉淀后更换数次固定液。

2. 观察受精的一般过程

利用铁苏木精染色,45% 醋酸分色,在不经压片的情况下直接封片观察。

阶段 1:未受精卵。刚产出的卵子圆球形,处于第一次成熟分裂中期。此时核膜、核仁已消失,染色体纤细,但形态清晰可辨(图 13-1(1))。

阶段 2:刚受精卵子。精卵混合后,精子便迅速包围卵子,2 min 后,精子入卵。精子可以从卵子的任何部位入卵,且仅头部入卵。精子入卵后,呈小黑点状,略有膨胀;卵子轻微举起受精膜,染色体形态变粗更加明显。此时卵子周围精子数目大大减少(图 13-1(2))。

阶段3:受精卵处于第一次成熟分裂中期。受精后卵子成熟分裂重新启动,此时染色体变粗,纺锤体明显,染色体整齐排列在赤道板上。核体积迅速膨大(图13-1(3))。

阶段4:受精卵处于第一次成熟分裂后期。染色体分为两组,分别移向纺锤体两极。精核继续膨胀,速度放缓(图13-1(4))。

阶段5:受精卵的第一次成熟分裂结束。靠近卵膜的第一组染色体凝聚后作为第一极体释放,另一组染色体继续保持在卵质内(图13-1(5))。

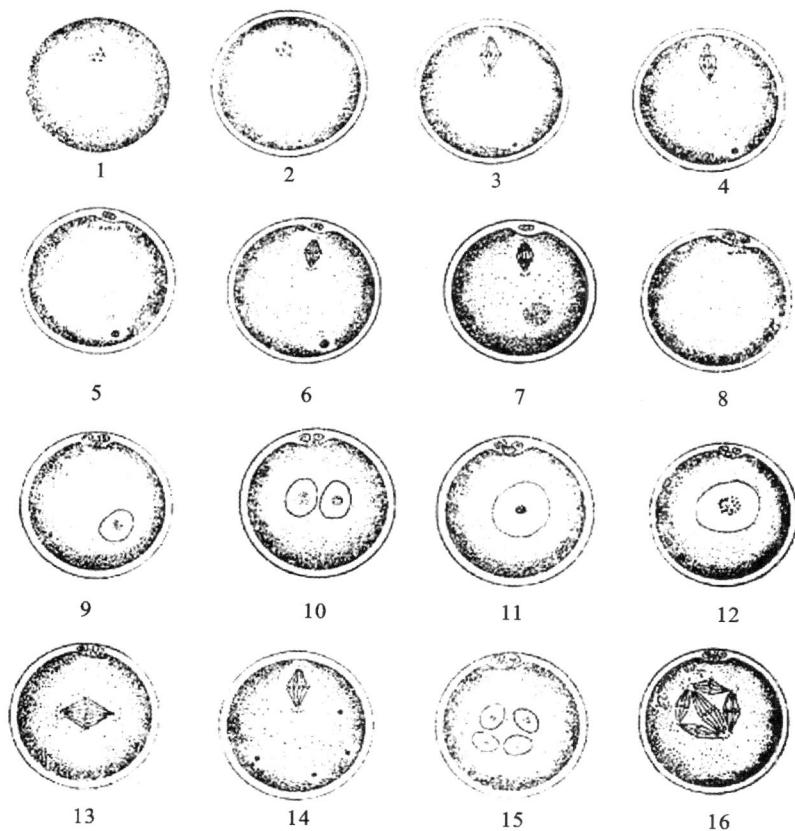

1.未受精卵;2.刚受精卵;3.第一次成熟分裂中期;4.第一次成熟分裂后期;5.第一次成熟分裂末期;6.第二次成熟分裂中期;7.第二次成熟分裂后期;8.第二次成熟分裂结束,第二极体形成;9.雄原核形成;10.雌原核形成;11.雌、雄原核相互靠近并融合;12.合子的染色质形成染色体;13.准备第一次卵裂;14~15.多精入卵及形成多个原核;16.多精入卵导致多极纺锤体形成

图 13-1　栉孔扇贝受精的一般过程示意图

阶段 6：受精卵处于第二次成熟分裂中期。卵子的染色体凝集变粗，第二次成熟分裂纺锤体出现。精核膨至最大(图 13-1(6))。

阶段 7：受精卵处于第二次成熟分裂后期。染色体分成两组分别移向纺锤体的两极。精核呈弥散状(图 13-1(7))。

阶段 8：受精卵第二次成熟分裂结束。第二极体释放。卵内染色质呈疏松或致密状态。第一极体也一分为二(图 13-1(8))。

阶段 9：卵子内的染色体开始弥散，雄原核开始形成。雄原核为圆形或椭圆形，染色质明显(图 13-1(9))。

阶段 10：雌原核形成，形态、大小与雄原核相似(图 13-1(10))。

阶段 11：雌、雄原核移向卵子的中央，互相靠拢。最后两原核核膜融合，核内染色质融合，形成致密的块状颗粒，位于合子的中央部位(图 13-1(11))。

阶段 12：核膜消失，合子内的染色质逐渐凝集成染色体，整齐排列在赤道板上，准备第一次卵裂(图 13-1(12))。

可观察到多精入卵现象。多个精子形成多个精原核并形成多组纺锤体(图 13-1(14～16))。

五、思考并探究

(1)观察多精入卵现象并就多余精原核的发展趋势提出自己的观点。

(2)精子入卵后，卵子周围包围的精子为什么会减少？

(3)雌、雄原核的结合方式有几种？

实验十四　温度对长牡蛎生殖细胞的活力、受精力及胚胎发育速度的影响

一、实验目的

不同动物的生殖细胞,其存活力、受精力及胚胎发育的速度各不相同,而温度是决定它们不同的关键因素之一。通过本实验,使学生了解温度对长牡蛎精、卵活力,受精力及胚胎发育速度的影响。

二、实验仪器与药品

光学显微镜、烧杯、滴管、载玻片、盖玻片、培养缸、充气机、擦镜纸、吸水纸、温度计、控温仪等。

三、实验材料

成熟期的雌、雄长牡蛎各数个。

四、实验内容

1. 观察性腺的发育状况并辨别雌、雄

活体解剖成熟期的牡蛎,去掉右侧贝壳,暴露出软体部,用肉眼观察性腺分布部位及发育状况,并用水滴法辨别雌、雄(图 14-1、图 14-2)。

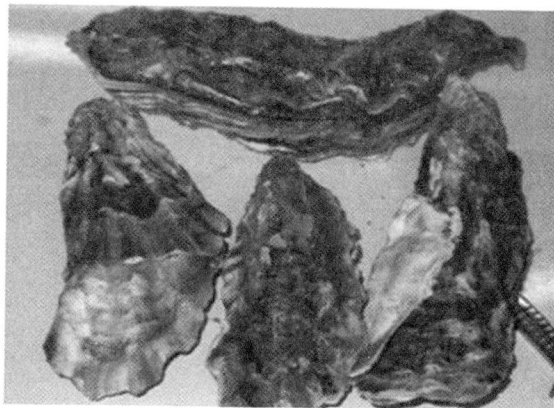

图 14-1　长牡蛎的外部形态

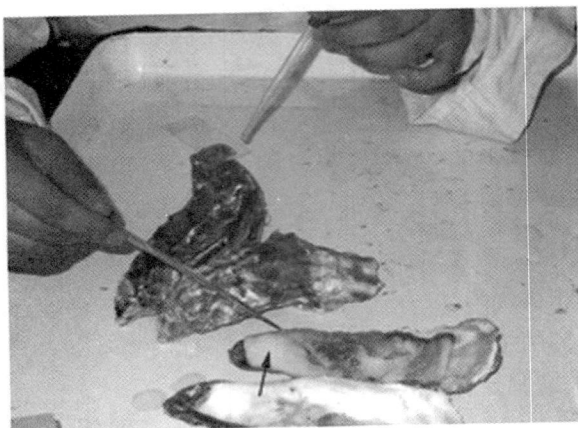

图 14-2　性腺的分布及滴水法鉴别雌雄

2.显微镜下观察精、卵成熟度

用吸管吸取少量卵子、精子,观察卵子的形态及精子的活力(图 14-3、图 14-4)。

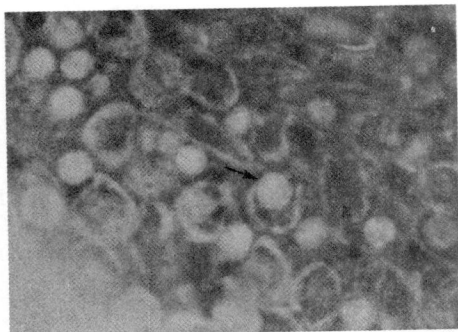

图 14-3　卵巢内卵子的形态

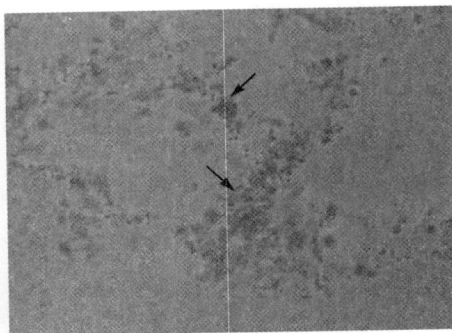

图 14-4 精巢内精子的形态

3.获取精、卵悬浮液

选取发育较好的雌贝,剥离卵巢,破碎后用 78 μm 筛绢过滤,获得卵子悬浮液;选取性腺发育好的雄贝,用吸管吹打法获取成熟精液。

4.观察如下内容

(1)温度及离体时间对精、卵活力的影响:将精、卵悬浮液分别置于不同温度条件下,如 10～12℃,14～16℃,18～20℃,22～24℃,24～28℃等,每隔 2 h,观察一次卵子的形态与精子的存活状况。

(2)温度及离体时间对受精力的影响:在不同温度条件、不同剥离时间下,取一定数量卵子悬浮液并滴加活泼的精液使之受精,2 h后统计受精率及正常发育胚胎的比例。

(3)温度对胚胎发育速度的影响:比较观察不同温度条件下胚胎发育的速度。

注意事项:各项实验中精、卵比例要妥当。

5.统计实验结果

(1)不同温度下牡蛎卵子离体时间与受精力的关系。

(2)同一温度下卵子的离体时间与受精力的关系。

(3)不同温度下精子的存活情况。

(4)温度与胚胎发育的速度关系。

五、思考与探究

(1)精、卵存活时间与温度高低有什么关系?

(2)生殖细胞具有受精能力,胚胎是否能够正常发育?

(3)实验结果对于科研及生产实践有什么指导作用?

实验十五　硬骨鱼类的催青和人工授精

一、实验目的

催青是人工繁殖中的一个重要环节,就是用人工方法,对性腺发育成熟的亲鱼进行药物注射,刺激性腺进一步成熟和排放,从而获得成熟的卵子与精子,即人工诱导精卵排放。通过该实验,使学生掌握硬骨鱼类的催青及人工授精技术。

二、实验仪器

(1)培养缸、烧杯、滴管、载玻片、离心机、注射器、充气机、吸水纸等。

(2)LHRH(促性腺激素释放激素)、LRH-A(促黄体生成素释放激素类似物)、HCG(绒毛膜促性腺激素)或垂体,0.675%生理盐水。

三、实验材料

性腺发育成熟的雌、雄金鱼各数个。

四、实验内容

1. 脑垂体的提取和保存(张天荫等,1984)

摘取垂体的鱼最好是性成熟的个体,鱼应新鲜,但鱼死后不久,尚保持相当鲜度的脑垂体仍可采用。摘取垂体时,首先用刀沿两眼上缘,将头盖骨切去一块,露出整个鱼脑,然后用镊子将连在脑后的脊髓挑起,轻轻将脑翻开,可见有一粉红色的小颗粒(鲤鱼或鲫鱼为例),即为脑垂体。小心用镊子将脑垂体旁边的结缔组织轻轻剐开,然后将垂体取出,尽量使垂体保持完整不破。

将垂体放手背上,用镊子翻滚数次,去掉附在垂体上的脂肪和血污,可暂存于冰箱内,也可放入体积为垂体20倍的丙酮或无水酒精的小瓶中,进行脱脂、脱水,中间更换一次新液,可长期保存。或经12 h后将浸渍的垂体取出,放在吸水纸上吸干,然后装入小瓶中密封,置于干燥器内保存备用。

2. 脑垂体注射液的制备

在生殖季节,每尾金鱼催青时,需要大于金鱼体重3～5倍的成熟鲤、鲫鱼一个垂体即可。将新鲜的垂体剪碎,置于匀浆机中,加少许0.675%的生理盐水,研磨成糊状,然后用生理盐水稀释,用水总量每尾鱼不超过 2 mL,可将此悬浊液注入鱼体。或将糊状液放入离心管中离心 2 min(1 000～2 000 r/min),取其上清液即可使用。

3.商品用激素注射液的制备和用量

用灭菌的注射器,吸取一定量的注射水,注入 LHRH、LRH-A、HCG 的瓶内,配成所需要的浓度。注射用量:在生殖季节,一般按每千克性成熟亲鱼 5 μg 左右计算。雄鱼的注射剂量为雌鱼的 1/2。使用剂量与生殖季节和水温有关,水温低剂量偏大,反之剂量应适当降低。

4.催青

注射可分为肌肉注射和体腔注射两种方法,一般多用后者。操作时,一人手握鱼体,另一人持注射器。先擦干注射部位的水,并用碘酒、酒精等灭菌。

(1)体腔注射:在胸鳍基部无鳞处,将针头朝向鱼体前上方与体表成 45°～60°角,进行注射。注意针头不要刺深,以免伤害内脏。

(2)肌肉注射:在背鳍和侧线之间,用针挑起一片鳞片,顺着鳞片向前刺入肌肉,针要刺深,以免注射液外溢。

5.产卵受精

金鱼催青后,正常情况下经 24～48 h 就会出现追逐兴奋的现象,为发情。随即亲鱼便可排精、产卵,几分钟内可完成受精作用(图 15-1)。

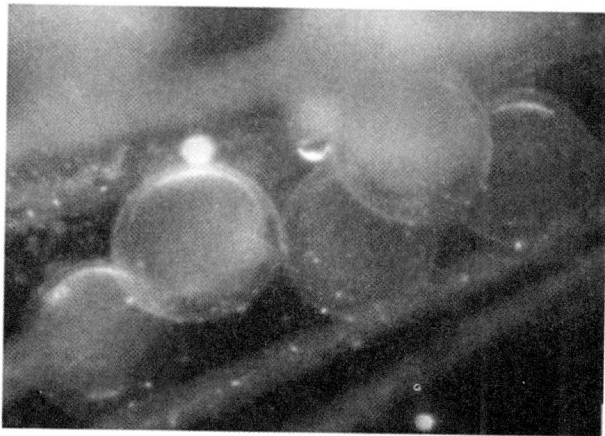

图 15-1　金鱼的受精卵

6.人工授精

硬骨鱼类的人工授精方式有干法、半干法、湿法 3 种。

(1)干法:多使用于个体较大的鲤、鲫等鱼类。亲鱼发情到高潮时,先捉起雌鱼,左手轻握,擦去水分,右手食指轻轻由前向后挤压腹部,将卵挤入干净的器皿当中;然后迅速捉起雄鱼,挤压腹部,挤出精液滴在卵子上。用羽毛搅拌鱼卵1~2 min,使精、卵充分接触,然后滴加少量清水,稍微搅拌后静置1~2 min,换清水3~4次,即可受精发育(图15-2)。

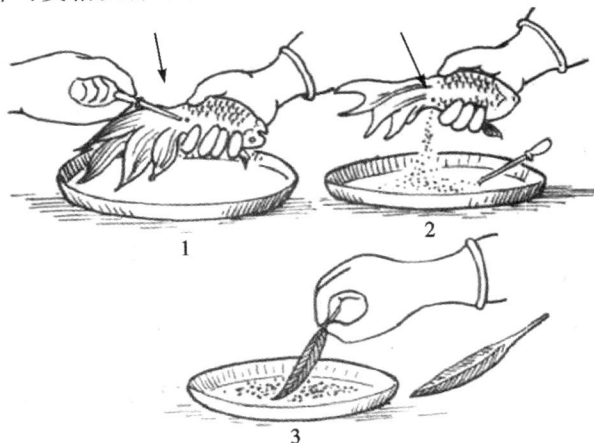

1.获取精液(箭头示泄殖孔位置);2.获取卵子(箭头示泄殖孔位置);3.精卵混合授精

图 15-2　干法授精示意图

(2)半干法:取卵法同上。将精液放入少量的生理盐水中稀释,立即将卵倒入,轻微搅拌,使精、卵充分接触。几分钟后换3~4次清水即可。

(3)湿法:金鱼多采用湿法授精。在器皿内预先放置少量的清水,然后将金鱼的精、卵同时挤入水中,轻轻搅拌,2 min后,用清水清洗几次,即可完成受精作用(图15-3)。

图 15-3　湿法授精示意图

五、思考与探究

(1)受精后的受精卵为什么会用清水冲洗几次？

(2)亲鱼催青应选择在什么时机进行？为什么？

(3)进行人工授精时,为什么动作要迅速？

附 录

附录一　实验规程与注意事项

一、实验前的准备

每次实验之前,必须首先阅读实验指导,明确本次实验的目的、要求及实验的全部内容。

实验前每人应准备好实验报告纸、绘图铅笔、直尺、橡皮等,并随带课本、课堂笔记本等。上课之前必须将必需的仪器如显微镜或解剖镜等准备妥当。

二、样品观察

组织胚胎学实验时通常使用显微镜与解剖镜进行观察。使用显微镜观察时,一般先用低倍镜观察组织的整体结构,然后转用高倍镜或油镜仔细观察局部或细微状态与结构。观察过程一定要小心,以免将材料压碎甚至损坏镜头。胚胎学实验时,除观察精子、小型卵细胞、胚胎以及它们的切片等需要显微镜外,其他较大型的卵子、胚胎或幼虫也可以使用低倍或中倍的解剖镜观察。

三、绘图与报告

每次实验时均应交实验报告,报告的内容主要是绘图,目的是帮助同学们巩固实验课的内容。组织胚胎学绘图与其他生物学绘图一样,主要是要求准确,即组织结构的大小比例妥当、位置准确以及相互之间的关系表示准确,而不是过分强调艺术上的美观。

无论是组织学还是胚胎学都只需用黑色铅笔绘制黑白图,不能用彩色铅笔绘图。作图前应妥善计划报告纸上所绘图的位置,原则上一次使用一张报告纸,因此图的布局应合理。图的名称及各部分的重要构造必需标注清楚,标注时画线应直而平行,而且一律标注在图的右侧,避免线条交叉混乱。所用汉字、字母书写规整,不得潦草。

绘图时可以点线结合,或以点代线。打点的目的主要是表示明暗、粗细、凹凸、虚实、疏密或花纹、色斑等。打点时铅笔应尖而浑圆,先打细点后打粗点,先打稀点后打密点。

必须注意的是,报告中的绘图必须是实验中观察到的结果,必须实事求是,避免抄袭,而且图要绘的端正、清楚和标准,以备自己将来参考。

四、实验后的结束工作

实验结束后,应做以下工作,方可离开实验室:

(1)显微镜、解剖镜等仪器设备应认真检查并擦除灰尘,然后妥当放置。

(2)仪器或材料若有损坏应立即报告指导教师并说明原因。

(3)实验完毕后应立即上交实验报告,因故迟交者需征得指导教师的批准。报告经教师批改后应仔细审阅,并按教师的意见进行修改。

(4)卫生负责人应按要求仔细打扫卫生,注意水、电、火、门窗等安排妥当后方可离开。

附录二 显微镜使用与操作规程

一、观察前的准备

1. 显微镜的取放与安置

取、放显微镜时应一手握住镜臂，一手托住底座，使显微镜保持直立、平稳。切忌用单手拎提。

将显微镜置于平整的实验台上，镜座距实验台边缘 3～4 cm。镜检时姿势要端正。不论使用单筒显微镜或双筒显微镜均应双眼同时睁开观察，以减少眼睛疲劳，也便于边观察边绘图或记录。

2. 光源调节

安装在镜座内的光源灯可通过调节电压以获得适当的照明亮度，而使用反光镜采集自然光或灯光作为照明光源时，应根据光源的强度及所用物镜的放大倍数选用凹面或凸面反光镜并调节其角度，使视野内的光线均匀，亮度适宜。

3. 根据使用者的个人情况，调节双筒显微镜的目镜

双筒显微镜的目镜间距可以适当调节，而左目镜上一般还配有屈光度调节环，可以适应眼距不同或两眼视力有差异的不同观察者。

4. 聚光器数值孔径值的调节

调节聚光器虹彩光圈值与物镜的数值孔径值相符或略低。有些显微镜的聚光器只标有最大数值孔径值，而没有具体的光圈数刻度。使用这种显微镜时可在样品聚焦后取下一目镜，从镜筒中一边看着视野，一边缩放光圈，调整光圈的边缘与物镜边缘黑圈相切或略小于其边缘。因为各物镜的数值孔径值不同，所以每转换一次物镜都应进行这种调节。

在聚光器的数值孔径值确定后，若需改变光照强度，可通过升降聚光器或改变光源的亮度来实现，原则上不应再通过虹彩光圈的调节。当然，有关虹彩光圈、聚光器高度及照明光源强度的使用原则也不是固定不变的，只要能获得良好的观察效果，有时也可根据不同的具体情况灵活运用。

二、显微观察

一般进行显微观察时应遵守从低倍镜到高倍镜再到油镜的观察程序，因为

低倍数物镜视野相对大,易发现目标及确定检查的位置。

1. 低倍镜观察

将标本玻片置于载物台上,用标本夹夹住,移动推进器使观察对象处在物镜的正下方。下降 $10\times$ 物镜,使其接近标本,用粗调节器慢慢升起镜筒,使标本在视野中初步聚焦,再使用细调节器调节图像清晰。通过玻片夹推进器慢慢移动玻片,认真观察标本各部位,找到合适的目的物,仔细观察并记录所观察到的结果。

在任何时候使用粗调节器聚焦物像时,必需养成先从侧面注视小心调节物镜靠近标本,然后用目镜观察,慢慢调节物镜离开标本进行准焦的习惯,以免因一时的误操作而损坏镜头及玻片。

2. 高倍镜观察

在低倍镜下找到合适的观察目标并将其移至视野中心后,轻轻转动物镜转换器将高倍镜移至工作位置。对聚光器光圈及视野亮度进行适当调节后微调细调节器使物像清晰,利用推进器移动标本仔细观察并记录所观察到的结果。

在一般情况下,当物像在一种物镜中已清晰聚焦后,转动物镜转换器将其他物镜转到工作位置进行观察时,物像将保持基本准焦的状态,这种现象称为物镜的同焦。这种同焦现象,可以保证在使用高倍镜或油镜等放大倍数高、工作距离短的物镜时仅用细调节器即可对物像清晰聚焦,从而避免由于使用粗调节器时可能的误操作而损坏镜头或载玻片。

3. 油镜观察

在高倍镜或低倍镜下找到要观察的样品区域后,用粗调节器将镜筒升高,然后将油镜转到工作位置。在待观察的样品区域加滴香柏油,从侧面注视,用粗调节器将镜筒小心地降下,使油镜浸在镜油中并几乎与玻片相接。将聚光器升至最高位置并开足光圈,若所用聚光器的数值孔径值超过 1.0,还应在聚光镜与载玻片之间也加滴香柏油,保证其达到最大的效能。调节照明使视野亮度合适,用粗调节器将镜筒徐徐上升,直至视野中出现物像并用细调节器使其清晰准焦为止。

有时按上述操作还找不到目的物,则可能是由于油镜头下降还未到位,或因油镜上升太快,以至眼睛捕捉不到一闪而过的物像。遇此情况,应重新操作。另外应特别注意不要在下降镜头时用力过猛,或调焦时误将粗调节器向反方向转动而损坏镜头及载玻片。

三、显微镜用毕后的处理

(1)上升镜筒,取下载玻片。

（2）用擦镜纸拭去镜头上的镜油，然后用擦镜纸蘸少许二甲苯（香柏油溶于二甲苯）擦去镜头上残留的油迹，最后再用干净的擦镜纸擦去残留的二甲苯。

切忌用手或其他纸擦拭镜头，以免使镜头沾上污渍或产生划痕，影响观察。

（3）用擦镜纸清洁其他物镜及目镜；用绸布清洁显微镜的金属部件。

（4）将各部分还原，反光镜垂直于镜座，将物镜转成"八"字形，再向下旋。同时把聚光镜降下，以免接物镜与聚光镜发生碰撞危险。最后套上镜罩，对号放入镜箱中，置阴凉干燥处存放。

附录三　目微尺与台微尺的应用

　　在显微观察过程中,常常需要了解各种观察对象的尺寸,这就需要精密的测量尺具——目微尺(目镜测微尺)和台微尺(镜台测微尺)。目微尺是一块比贰分钱硬币略小的圆形玻片,使用时安装在显微镜的目镜中,即将目镜上端的接目镜选转下来,把目微尺装进去,使它平放在目镜内的光阑上。台微尺的大小与普通玻片差不多,使用时放在载物台上,它的中央有一个圆盘,圈内可有一个精密的小尺,小尺全长 1 mm,等于 1 000 μm,分为 100 个小格,每格长 10 μm,这是真实长度。在目微尺上虽然也有刻度,但只能代表相对长度,当它与台微尺校准后,就能代表真实长度。

　　校准的方法先固定用一个目镜,并由最低倍的物镜开始,与安放在载物台上的台微尺校准,如选用了 5× 的目镜和 10× 的物镜,先按常规的操作找到台微尺的刻度,把它移到视野的中央,然后转动目镜,使目微尺和台微尺趋向平行,再移动台微尺,使两尺零点对齐,而且两尺相重叠,仔细观察台微尺的终点落在目微尺的那一格上,假如是第 50 格,记录下来进行计算,即以目微尺的格数去除台微尺的真实长度。

1 000 微米/50 格＝20 微米/格(目微尺)

　　即当使用 5× 目镜、10× 物镜时,目微尺的每格代表 20 μm 的真实长度。

　　然后转换成高倍镜,假若是 40×,校准和计算的方法基本相同。但由于放大倍数的提高,视野缩小,此时看不到台微尺的全长,就应看目微尺的全长落在台微尺的那一格上,如在长 51.5 μm 处,则计算方法同前,即

51.5 微米/100 格＝5.15 微米/格(目微尺)

　　即当使用 5× 目镜、40× 物镜时,目微尺的每格代表 5.15 μm 的真实长度。

　　使用油镜校准和计算方法也相同,但在台微尺上可以滴香柏油,用完后以擦镜纸擦去油,再沾少量的二甲苯擦去剩余的油迹。

　　使用任何倍数的物镜和目镜时,当两尺的零点对齐并重叠后,也可以向右边再找到目微尺与台微尺重叠的任何位置,并进行计算。如目微尺的第 10 格正好与台微尺的第 16 格(长 160 μm)相重叠,则计算方法同前,即

160 微米/10 格＝16 微米/格(目微尺)

　　即当用该倍数的目镜与物镜时,目微尺的每格代表 16 μm 的真实长度。

　　按照以上方法将所有的目镜和物镜校准和计算后,记录于卡片上,可供观察时随时使用。

　　每台显微镜、每个目镜和物镜,都要进行具体的校准和计算,不能只根据1～2个数据来按标明的放大倍数推测其他物镜与目镜的数值,因为放大倍数不是很标准的,这样推算会有误差。

　　校准工作完成后,就可以单独使用目微尺进行显微测量工作。先测出测量对象在目微尺上所占格数,然后按照自己所校数据卡片查到每格所代表的真实长度,二者相乘,即得测量对象的真实长度。

主要参考文献

［1］楼允东.组织胚胎学［M］.第 2 版.北京:中国农业出版社,1999

［2］李霞,任素莲,王梅芳,等.水产动物组织胚胎学［M］.北京:中国农业出版社,2006

［3］Dall W,等.对虾生物学［M］.陈楠生译.青岛:青岛海洋大学出版社,1992

［4］王有琪.组织学［M］.北京:人民卫生出版社,1965

［5］张天荫,翟玉梅,廖承义,等.动物胚胎学实验指导［M］.北京:高等教育出版社,1986

［6］Scottf G. Developmental Biology ［M］. Sinauer Associates, Inc. Publish-eres,1985

［7］Zhang yanyan, Ren sulian, wang dexiu et al. Structure and Classification of Heamocytes in the Bivalve Mollusc *Meretrix meretrix* ［J］. Journal of Ocean University of China, 2006, 5(2): 132-136

［8］任素莲,张艳艳,宋微波.文蛤外套膜的组织学与组织化学研究［J］.中国海洋大学学报,2003,33(5):701-707

［9］任素莲,王德秀,王如才.海水促熟太平洋牡蛎卵子受精的细胞学观察［J］.海洋湖沼通报,2000,4:34-38

［10］任素莲,王德秀,王如才.栉孔扇贝受精过程的细胞学观察［J］.海洋湖沼通报,2000,1:24-29

［11］任素莲,王德秀,绳秀珍,等.太平洋牡蛎卵子体外发育的研究［J］.海洋科学,2001,25(7):35-38

［12］绳秀珍,任素莲,王德秀,等.栉孔扇贝消化管的组织学研究［J］.海洋科学,2001,23(3):13-17

［13］任素莲,宋微波.文蛤牛首科吸虫寄生病的组织病理学研究［J］.水产学报,2002,26(5):459-464

［14］任素莲,杨新春,宋微波.养殖文蛤体内寄生的一种吸虫幼虫及宿主组织病理学［J］.中国海洋大学学报,2005,35(3):387-391

［15］任素莲,王德秀,王如才.栉孔扇贝精子超微结构的研究［J］.青岛海洋大学学报,1998,28(3):387-392

［16］任素莲,王德秀,王如才.栉孔扇贝成熟卵形态与超微结构的研究［J］.青岛海洋大学学报,1999,29(3):436-440

［17］王昭萍,王如才,文静,等.长牡蛎剥离精卵的存活时间及受精能力［J］.海洋科学,1997,1:21-22

［18］缪国荣,王承录.海洋经济动植物物发生图集［M］.青岛:青岛海洋大学出版社,1990

［19］姜永华,颜素芬,陈政强.南美白对虾消化系统的组织学和组织化学研究［J］.海洋科学,2003,27(4):58-62